无处不在的微生物

WUCHU-BUZAI DE WEISHENGWU

刘双江
刘亚君 编著

中国教育出版传媒集团
人民教育出版社
·北京·

图书在版编目（CIP）数据

无处不在的微生物 / 刘双江，刘亚君编著 . — 北京：人民教育出版社，2023.4
ISBN 978-7-107-37344-2（2024.5重印）

Ⅰ. ①无… Ⅱ. ①刘… ②刘… Ⅲ. ①微生物—普及读物 Ⅳ. ① Q939-49

中国版本图书馆 CIP 数据核字（2023）第 061325 号

责任编辑 田文芳
装帧设计 心合文化
插图绘制 心合文化

无处不在的微生物
刘双江 刘亚君 编著

出版发行 人民教育出版社
（北京市海淀区中关村南大街17号院1号楼 邮编：100081）
网 址 http：//www.pep.com.cn
经 销 全国新华书店
印 刷 北京利丰雅高长城印刷有限公司
版 次 2023年4月第1版
印 次 2024年5月第2次印刷
开 本 787毫米 ×1 092毫米 1/16
印 张 13.5
字 数 270千字
定 价 39.80元

神秘的小天地

神奇的大世界

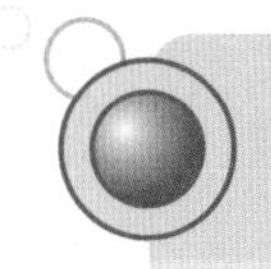

“神秘的小天地，神奇的大世界”

中国科学院院士、植物病毒学家方荣祥为本书题词

序一

喜闻刘双江研究员新书《无处不在的微生物》出版，应邀欣然作序。

为孩子们创作一本优秀的科普读物，一直是科学家、教育工作者和科普读物写作者心中美好的愿景。科普工作是一项利在当代、功在千秋的全社会系统教育工程。党的二十大报告指出，要加强国家科普能力建设，深化全民阅读活动。《无处不在的微生物》就是在这样的背景下应时应运而生的。

刘双江研究员是我的同事，从事微生物学研究数十年，在肠道微生物研究方面颇有建树。作为中国科学院微生物研究所的原所长，刘双江老师除本身专业领域的研究外，一直致力于微生物学知识的普及，《无处不在的微生物》就是他多年努力的成果。这本科普读物将为青少年带来新颖独特的阅读体验，进而开启认识微生物世界的旅程。

微生物，是我们既熟悉又陌生的微小生物。说熟悉，是因为它们无处不在，与我们的生活、健康息息相关；说陌生，是因为我们对它们的习性、作用、影响还停留在表象认知。《无处不在的微生物》将帮助我们全面了解微生物分布广泛、功能多样的特点，让我们能够深切感受这些奇妙的生物是如何改变我们的生活、影响世界的。

这是一本集知识性、趣味性、故事性、生活化于一体的科普读物，较好适应孩子们的求知天性和阅读习惯。为了将专业性强、抽象而枯燥的微生物学知识转化为通俗易懂、形象具体、新鲜活泼、引人入胜的阅读内容，作者巧妙布局，可谓用心良苦。

本书以老师带领学生进行微生物兴趣小组活动的形式展开，从认识人体微生物入手，介绍与健康密切相关的微生物；通过生态公园、食品厂、城市污水处理厂、科学实验室等情景设计，以师生对话、观察和实践等方式，说明微生物在食品工业、生物制药、生态治理等方面的应用，向读者展示种类繁多、与人类关系密切的微生物。以小宇为代表的青少年勤于思考、求知欲强，姜老师的提问和答疑循循善诱、因势利导，全书内容在探索的情境中徐徐展开，让青少年读者在设计巧妙、亲切自然的一问一答中了解微生物学基础知识，从而更好地激发他们探究微生物奥秘的兴趣。

青少年是接受知识最快和最有效的群体，也是社会的未来。微生物世界博大精深、奥秘无穷。热切地期盼有更多的青少年能够通过阅读本书，了解我们周围的微生物世界，体验发现的乐趣，重新思考人与自然的关系，继而在未来能够走向研究微生物的道路，让这些小小的生命造福人类。

谨以此序致敬刘双江研究员及孜孜不倦于科普创作、推广的广大科研、教育、科普工作者！

中国科学院院士
真　菌　学　家　　魏江春

序二

刘双江研究员从事微生物学研究30余年，结合自身科研经历，联系实际生活和生产场景，编著了《无处不在的微生物》一书。本书将微生物学知识娓娓道来，内容丰富，生动有趣，普及的微生物学基础知识和基本研究方法科学准确，是青少年课外阅读的好材料。

经历新冠疫情，人们对微生物有了更多关注。微生物是一个大类群，包括细菌、病毒、真菌和一些小型原生生物等。它们大多个体微小，一般需借助显微镜才能观察到，但它们与人类生活密切相关。微生物在自然界可以说是无处不在，在自然环境中和人体、动物体内都普遍存在。不仅如此，它们在种类和数量方面也可能超出你的想象。

对于人类而言，微生物有其有害的一面，例如，腐蚀工业设备、污染环境、危害食品安全，引发传染病，等等。但是，微生物也有有益的一面，例如，它们在食品制作、制药等工农业生产和生态环境保护等方面有着不可替代的作用。因此，人类生活无法避免地与微生物世界产生交集，微生物与人类是永远“不分离”的伙伴。

微生物学的研究没有止境，其中充满无穷乐趣。以我们研究的真菌为例，据保守估计，全球有220万到380万种真菌，而目前已经被人类发现和描述的仅约15万种，还有200多万到300多万种真菌有待发现和研究，这将是若干代人接续努力才能完成的工作。我们将奋力探索那些未知的真菌物种，发掘和利用其对人类有益的方面，防控其对人类有害的方面。希望有更多的年轻人加入探索的行列。

后疫情时代，我们对于生物安全与生态文明的需求愈加迫切。了解微生物之间、微生物与其他生物之间、微生物与环境之间的相互关系，将能更有效地维护人类健康与安全及生态系统的稳定。可以预见，微生物学在 21 世纪仍将是一门重要的学科，并将为人类健康和社会发展、生态文明作出重要贡献。

习近平总书记指出："科技创新、科学普及是实现创新发展的两翼，要把科学普及放在与科技创新同等重要的位置。没有全民科学素质普遍提高，就难以建立起宏大的高素质创新大军，难以实现科技成果快速转化。"

希望孩子们能跟随作者的脚步去观察和了解微生物，思考人与微生物的关系，并从中受益。期待更多的科学家俯下身来用心给孩子们讲故事、做科普。相信祖国的科学事业必将薪火相传，蓬勃发展。

中国科学院院士
真　菌　学　家　庄文颖

目录

CONTENTS

第一章
地球上的生物中微生物数量最多吗？

本章主要介绍微生物的概念、种类等基本知识，包括什么是微生物，微生物是如何分类和命名的，微生物的分布、功能以及与动植物和人类的一般关系等。

第一节 在自然界中认知微生物

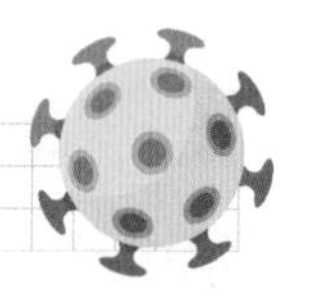

北京的秋天是多姿多彩的，虽然香山的枫树和红栌还没有红遍，但奥林匹克森林公园已是五彩斑斓了，园内层林尽染，山湖交融。姜老师带着他的微生物兴趣小组，走在公园的健身步道上。爱动脑筋的小宇同学还在琢磨课堂上老师讲的内容：地球上到底什么生物最多？他心想："怎么可能是微生物呢？健身步道的两旁，满是树木花草，一个微生物的影子也没有看到啊！虽然长在朽木上的蘑菇是微生物，但树林里面偶尔可以看到的蘑菇，数量怎么能够与这些植物相比呢？"

"除了一些大型真菌，例如蘑菇、木耳、灵芝，绝大多数微生物是我们肉眼所不能看到的。"姜老师似乎看懂了小宇同学的心思，"但我们处处可以观察到微生物的存在。"说话间，姜老师取出了刚刚在路上采集的冬青叶子，指着叶片上的白色长毛和粉状东西说："同学们看看这几片叶子吧，这是受到微生物感染的结果，这些毛状或者粉状

什么是微生物?

通常认为，微生物是肉眼看不见的微小生命。这样的理解不错，但是不完整、不全面。多数微生物是单细胞生物，个体微小，需要借助显微镜才能观察、辨识，但我们能够在自然界观察到许多微生物的聚集体或者由其形成的特殊结构，例如树叶叶面上的锈菌和毛粉菌、森林中的蘑菇、岩石上的地衣（图 1-1）、腐烂食物（如水果）上的霉菌等。科学严谨而又简洁地定义“什么是微生物”不是一件容易的事情。微生物学家通常有个共识：微生物是个体微小的生命形式，在它们的生活史中，至少有一个阶段仅靠肉眼不能观察到其存在。我们往常讨论的蘑菇，是一些真菌生活史中形成子实体（一种繁殖方式）的阶段，而它们生活史的大部分阶段是生活在土壤或者腐朽木材内部的菌丝，这些菌丝体可以借助放大镜、显微镜等工具观察到，但仅凭肉眼是看不见的。有些微生物细胞内有完整的细胞核，属于真核生物（如酵母菌、蘑菇等真菌）；对于我们常常说到的细菌，其细胞内遗传物质（DNA）只是比较集中地分布在一个区域，没有膜将遗传物质与细胞质隔离开来，它们和古菌都属于原核生物；还有一类极为特殊的微生物，它们的身体里主要含核酸、蛋白质，有的还含有一些脂质分子和糖类，它们寄生在其他生物的细胞内，是无细胞结构的病毒。

的东西包含有无数的微生物，它们引起植物病害，是有害微生物。”

姜老师停顿了一下，继续说：“我们知道一些微生物有害，但有更多的微生物对植物、动物和人类是无害的，甚至是有益的。例如，大豆的根部长有根瘤，根瘤内部生活着根瘤菌。中华根瘤菌是根瘤菌中一个特别的种，原产地在中国，学名是 *Sinorhizobium* chen et al. 1988，中华根瘤菌属是由我国著名土壤微生物学家陈文新院士发现并命名

◀ 叶面上的锈菌（刘双江摄）

▲ 蘑菇（魏铁征摄）

▲ 地衣（刘双江摄）

◀ 叶面上的毛粉菌

◎ 图 1–1　自然界中的几种微生物

的，它广泛生活在我国大豆根瘤和其附近的土壤中，繁殖速度快，为大豆生长提供氮源，提高大豆产量。”

姜老师带着同学们来到奥海湖边的一个休息亭，正式开始了今天兴趣小组的话题讨论——介绍微生物。

“刚才我们了解了对植物有害和有益的微生物。微生物对于动物和人类的健康和正常生活，同样表现出有益和有害两个方面。微生物寄生于动物或者人体体内或体表，这时候我们常常称动物或者人体为微生物的‘宿主’。有些微生物引起宿主生病，比如流感病毒、乙肝病毒等；有些微生物与宿主长期共存，形成互助合作的关系，比如人和动物肠道中生活着的许多对健康有益的微生物。微生物对宿主免疫、营养代谢等具有重要影响。无菌动物不能健康生活，离开了有益微生物，宿主可以存活但不能健康地生活。”

说到这里，姜老师把目光转到了休息亭后面的奥海湖，继续说道：“同学们看到奥海湖了吧。夏天气温高的时候，正是微生物生长繁殖的好时机，一滴水里可以含有多达五百万个微生物细胞，湖底的泥巴或者岸边树林土壤里的微生物数量更多，1 克泥巴里的微生物可以达到 10^{10} 个。如果把地球上全部微生物的生物量相加，其总数就会超过地球上全部植物的生物量！”

无菌动物是指体内和体外不能检出任何微生物和寄生虫的动物，多用于科学研究。

无菌动物通常是在无菌条件下剖宫取出胎儿获得，并饲养、繁育在无菌隔离设施中，科学研究中最常用的无菌动物是无菌小鼠或者无菌大鼠，也有使用无菌猪等大型哺乳动物的。

“空气中有微生物吗？”勤奋好学的佳佳同学望着湛蓝的天空，若有所思地问道。“当然有啦！”姜老师赞许地点点头，“科学家曾经在距离地球48千米至77千米的稀薄空气中，发现有微生物存在。微生物在空气中可以飘浮游荡，像蒲公英的种子一样，四处传播。灰尘、气溶胶及其他一些微小的颗粒物，都可以带有细菌、真菌孢子、病毒等。越是温暖潮湿的空气中，微生物数量越多。”

姜老师一边回答佳佳同学的问题，一边看着远处黄绿相间的银杏树林，继续说道：“我们去树林里看看，或许能够找到下周我们做实验的材料。”

生物多样性

生物多样性（Biodiversity）是指地球生物圈中动物、植物、微生物等生命体的形态、遗传、生理、生态等的多样化。生物多样性最直接的表现是生命的多姿多彩、千千万万的生物种类。不同种类的生命体，共同生活在一个地球上，相互影响，相互作用。生物多样性包括基因多样性、物种多样性和生态系统多样性，是维持地球生态平衡的重要因素。微生物是生物多样性的重要组成部分，但是，由于多数微生物肉眼不可见，导致微生物多样性在过去长期没有受到足够的重视。进入21世纪以来，随着世界各国政府和人民对环境质量提升和社会可持续发展的重视，微生物的重要性日益突显，对微生物多样性的研究也越来越受关注。

第二节　在实验室观察和培养微生物

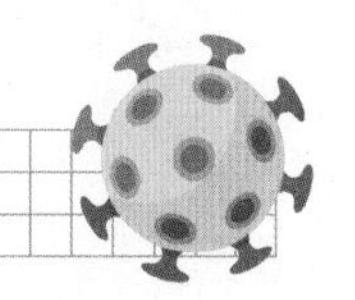

本节讲述在实验室如何观察和培养微生物。微生物培养是微生物学研究的基本技术，只有能够在实验室成功培养的微生物，我们才能进一步去研究和利用。据估算，地球上生存着数百万种微生物，目前能够在实验室培养的微生物还不到两万种。也就是说，地球上生存的大部分微生物还不能在实验室培养。培养、研究和开发利用这些微生物，是当今微生物学工作者的一个重要任务。

在上周，姜老师带领同学们游览奥林匹克森林公园的时候，采集了银杏树林里的土壤样品和奥海湖的水样品。这周的生物课，姜老师将带领同学们在实验室观察、培养和鉴定这些样品中的微生物。

首先是观察样品中的微生物。姜老师和同学们选择了水样品进行观察。从水样品中取一滴水，滴在载玻片上，待水滴自然风干后，轻微加热载玻片，在风干后的水滴处用结晶紫染色，盖上盖玻片，在光学显微镜下，同学们看到了不同形态的细菌，包括球状细菌、杆状细菌、弯曲的弧菌、螺旋菌等。为了能够给同学们留下更加深刻的印象，姜老师又展示了电子显微镜下各种形态的细菌（图 1–2），有些细菌具有鞭毛、细菌细胞之间有类似电线结构的连接。

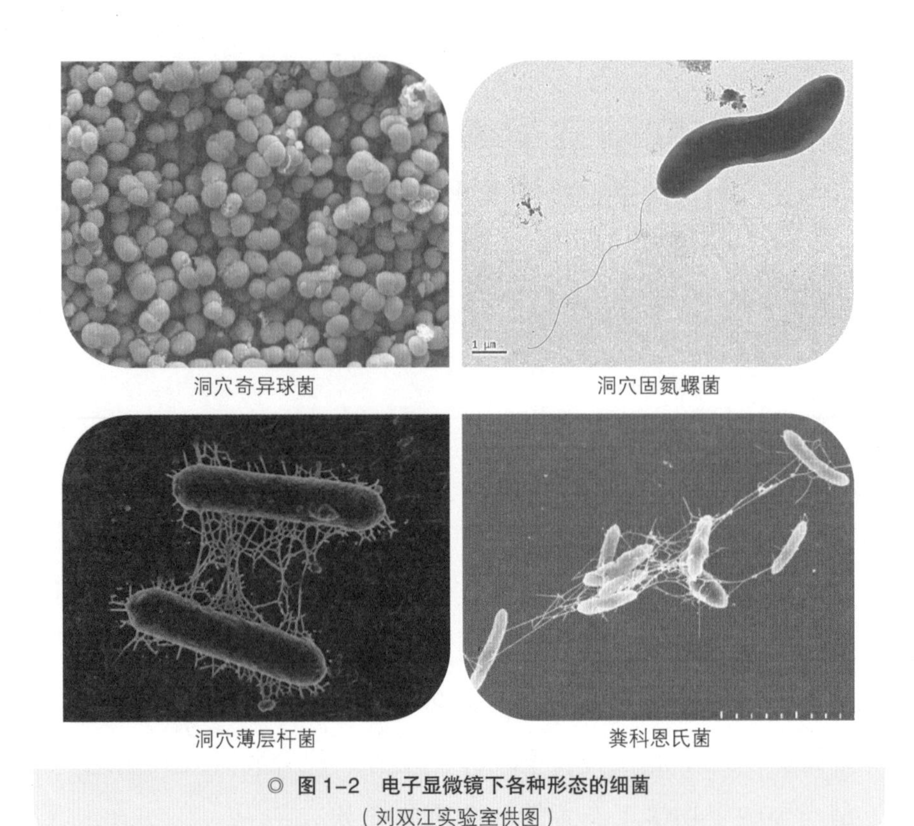

洞穴奇异球菌　洞穴固氮螺菌

洞穴薄层杆菌　粪科恩氏菌

◎ 图 1–2　电子显微镜下各种形态的细菌

（刘双江实验室供图）

“同学们知道谁是第一个观察到微生物的人吗？”姜老师问道。

“微生物学家列文虎克！”嘴快的同学抢着回答。“嗯，对！300 多年前的列文虎克是一个布商。那么，一个布商怎么就幸运地成了第一个观察到微生物的人呢？当时布商们为了甄别布匹的质量，用放大镜观察布纤维，放大镜倍数越大，看到的布纤维越清楚。列文虎克是一个非常敬业的商人，他将厚厚的玻璃磨成球面，制成了当时最

知识框 安东尼·范·列文虎克（Antonie van Leeuwenhoek）

列文虎克出生于荷兰，是微生物学的开拓者。列文虎克自制显微镜，是第一个观察到微生物并绘制微生物形态的人。

好的放大镜，同时，他也充满了好奇心，用自制放大镜观察不同的东西，他观察雨水、尿液以及牙垢，并记录了他观察到的肉眼看不到的东西，这便是人类最早看到的微生物。”

听完姜老师的介绍，同学们开始仔细观察显微镜下奇妙的景象，这些微小生命，在水里、土壤中和空气中，构成了我们未曾注意到的一个世界。最后，同学们用照相机拍照或者手工绘图，记录了观察到的微生物。

接下来，姜老师带领同学们进行培养微生物的准备工作。微生物培养，就是在一定的容器中提供适宜的条件，让微生物繁殖起来，增加个体的数量，以便进行科学研究和应用开发。就像人类生命过程需要碳水化合物、脂肪、蛋白质和维生素等一样，微生物生长也需要各种营养素。用来提供这些营养素的固体或者液体基质，叫作培养基。培养基中含有微生物生长必需的营养成分，包括碳源、氮源、无机盐和微量元素等。不同的微生物具有不同的营养需求。例如，有些微生物喜欢利用葡萄糖、淀粉等碳水化合物，有些喜欢利用脂肪、蛋白质、有机酸等非碳水化合物；有些微生物喜欢利用氯化铵或者硝酸盐等无机氮，而另外一些更喜欢利用氨基酸或者有机胺作为氮源，于是，就有许多种培养基配方。我们还可以针对微生物对营养要求的不同，设计专门培养基来培养特定的微生物。

姜老师把兴趣小组的同学分成两组，第一组做细菌培养基，第二组做酵母菌培养基。同学们先将制备好的培养基灭菌，然后在无菌操作台里把已灭菌的培养基分配到培养皿中。待培养基凝固后，两组同学在老师的指导下分别在培养基上接种细菌和酵母菌。经过两天的培养，培养基上长出了细菌和酵母菌的菌落。

在不同的环境中，可以分离到形态各异、生长条件不同、分类地位差异很大的微生物，它们在培养基上形成的菌落也不同（图 1–3）。在第二节和第四节，我们会分别介绍不同微生物的生长特点与分类方法。

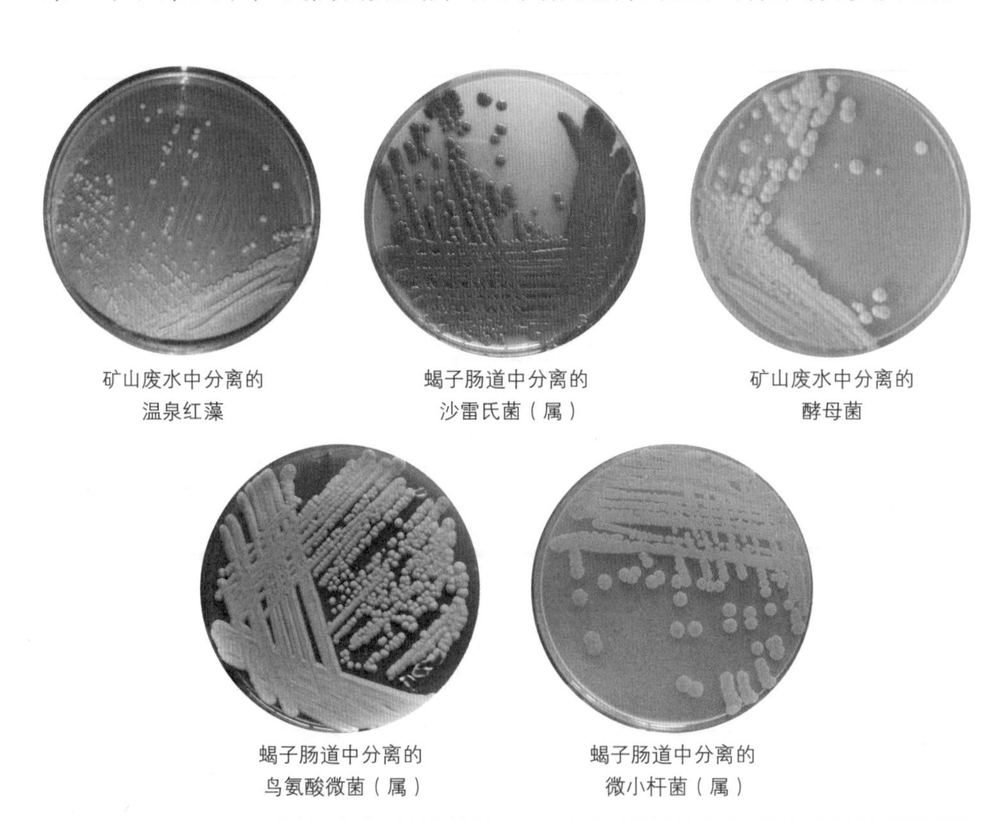

矿山废水中分离的温泉红藻　蝎子肠道中分离的沙雷氏菌（属）　矿山废水中分离的酵母菌

蝎子肠道中分离的鸟氨酸微菌（属）　蝎子肠道中分离的微小杆菌（属）

◎ 图 1–3　不同微生物在固体培养基上形成的菌落
（刘双江实验室供图）

灭菌和接种

灭菌： 灭菌是指杀死全部微生物的过程，包括致病微生物和非致病微生物，也包括细菌芽孢和真菌孢子。培养基灭菌一般采用高温灭菌（例如，在121℃条件下灭菌）；玻璃器皿灭菌也可以采用烘箱进行干热灭菌（例如，在160–170℃条件下，灭菌2小时）。

接种： 接种是指将微生物转移到经过灭菌的培养基内，进行微生物繁殖的过程。按照培养基的不同状态，采取不同方法接种。例如，在固体培养基中，可以使用接种环进行接种；在液体培养基中使用注射器（或移液枪）进行接种。接种需要注意无菌操作，防止培养基被周围环境中（如空气中或者物体表面）的微生物污染。

第三节 微生物如何生长繁殖?

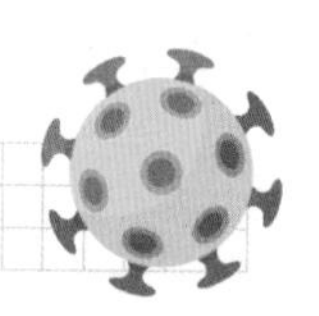

姜老师又和微生物兴趣小组的同学们见面了。今天，大家一起讨论微生物是如何生长繁殖的。

“生长和繁殖是所有生命的共同特征，大型生物的生长过程和繁殖过程是可以明显区分的。哪位同学能举个例子呢？”姜老师问道。“我知道！”活泼好动的凌凌同学回答，“从树苗长成参天大树是生长过程，而大树开花结果形成种子、种子发芽是繁殖过程。”姜老师向凌凌竖起大拇指，继续说道：“然而，对于个体微小的微生物（特别是细菌）来说，其个体生长的过程就是细胞分裂和分化的过程，也是它们繁殖的过程。所以，微生物的生长和繁殖不像大型生物那样是区别明显的两个过程，微生物学工作者也通常把生长和繁殖合并起来，笼统叫作生长繁殖。上周我们完成的细菌培养，就是细菌的生长繁殖过程。”

细菌的繁殖方式看起来非常简单，有些细菌一个细胞一分为二变成两个细胞，就完成了繁殖过程。这种繁殖方式是一种无性繁殖，也叫二分裂或者裂殖（图 1–4），裂殖又分为均等分裂和不均等分裂。更加细致的过程是：细菌细胞内 DNA 分子复制并分别向细胞两端移动，细胞膜向内凹陷形成一层垂直于细胞长轴的细胞质隔膜，使细胞质和核质均匀分配到两个子细胞中；同时，母细胞的细胞壁也从外部向中心延伸，逐渐形成子细胞各自完整的细胞壁；最后，母细胞分裂，形成两个大小基本相等的子细胞。细胞分裂过程是连续的，子细胞在形成的同时，自己也成为新的母细胞，细胞的中间又形成横隔，开始第二次分裂。有时也会看到细菌像竹笋出芽一样形成子代的繁殖方式；有些细菌的子细胞在分裂后形成分开的单个菌体，有的则不分开，而且会形成一定的排列方式，如链球菌、链杆菌等的子细胞就是不分开的。细菌繁殖一代需要的时间叫作倍增时间，也叫“代时”，它是描述细菌繁殖速度快慢的一个指标。在营养充足的环境中，一般细菌（如大肠杆菌）20—30 分钟就可以分裂一次，它们的倍增时间就是 20—30 分钟；也有一些细菌（如结核分枝杆菌）的繁殖速度较慢，需要 15—18 小时才能繁殖一代；还有生长速度更慢的微生物，例如厌氧氨氧化细菌，它们的倍增时间是几个月。

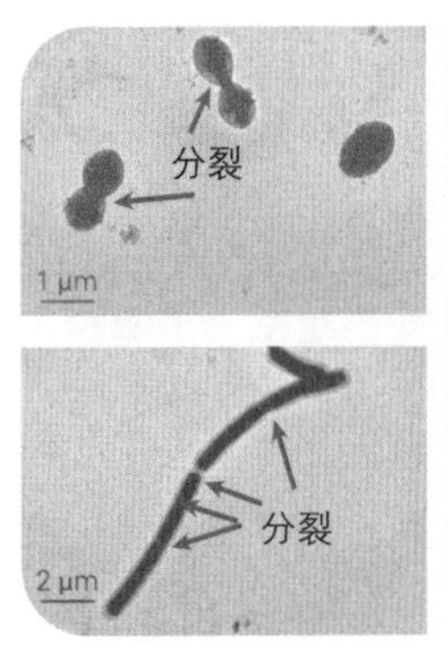

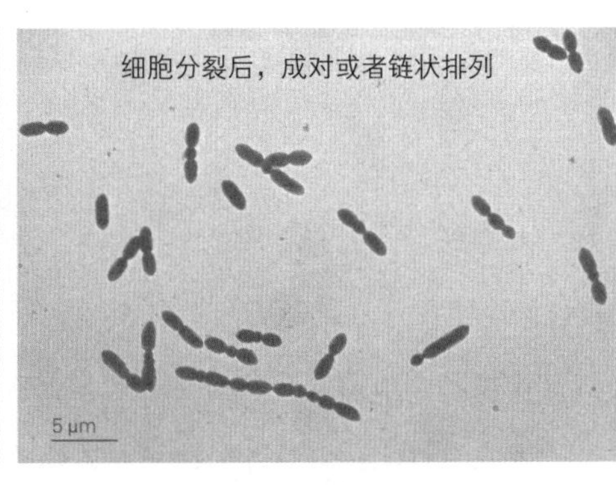

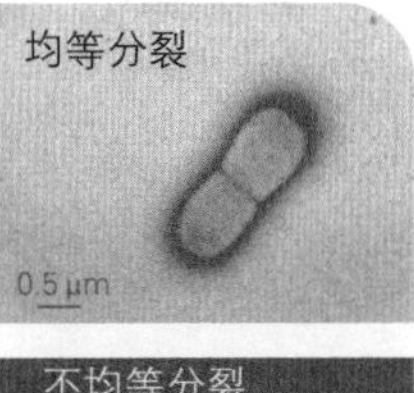

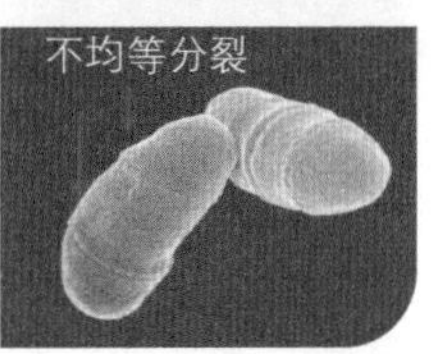

◎ **图 1–4　细菌主要以二分裂方式繁殖**

（刘双江实验室供图）

酵母菌是一类真核微生物，蒸馒头或者做面包时用到的干酵母就是用酵母菌粉制成的。酵母菌具有无性繁殖和有性繁殖两种繁殖方式。无性繁殖是酵母菌进行繁殖的主要方式，又被形象地称为出芽繁殖。成熟的酵母菌细胞，先长出一个小芽，芽细胞长到一定程度，脱离母细胞继续生长，而后形成新个体。在营养状况不好时，有些酵母菌会形成子囊孢子，进而采取有性繁殖的方式。有性繁殖的具体过程是：两个邻近的酵母细胞各自伸出一根管状的原生质突起，相互接触、融合，形成一个通道，两个细胞核就在这个通道内结合，形成双倍体的细胞核，然后进行减数分裂形成子细胞核（多为 4 个，偶尔也有 8 个的情况），每一个子细胞核与其周围的原生质形成孢子，即子囊孢子，形成子囊孢子的细胞称为子囊。在营养条件合适时，子囊孢子可以萌发，恢复生长繁殖。

无性繁殖和有性繁殖

无性繁殖： 微生物最主要的繁殖方式，细菌的裂殖、放线菌产生孢子、酵母菌出芽繁殖、真菌菌丝体断裂繁殖等都是无性繁殖。无性繁殖过程中不发生 DNA 的交换和重组，没有生殖细胞的结合。

有性繁殖： 存在于真核微生物细胞的繁殖过程中，伴随有细胞减数分裂、生殖细胞形成、DNA 的交换和重组。酵母菌的子囊孢子形成过程是有性繁殖过程，我们熟悉的许多蘑菇能够形成一种叫作担孢子的生殖细胞，也是有性生殖。担孢子是大型子实体真菌（蘑菇、木耳等）产生的有性孢子，它是一种外生孢子（子囊孢子是内生孢子），经过两性细胞质配、核配后产生。成熟的担孢子弹射散出，离开蘑菇子实体，萌发后形成蘑菇菌丝。细菌等原核生物没有真正意义上的有性生殖。有些细菌如大肠杆菌，可以产生性纤毛，与另外的大肠杆菌细胞进行部分DNA交换，类似非常原始的“有性繁殖”。

第四节 微生物的鉴定、分类和命名

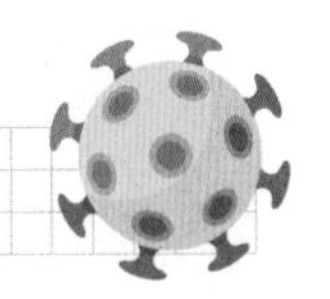

微生物兴趣小组的同学们从奥林匹克森林公园采集回来的样品中分离并培养了多种微生物，同学们给每一种微生物都取了很有意思的名字，比如奥森 1 号（简写为 AS–1，指从奥林匹克森林公园采集的样品中分离的第一个微生物）、土壤 2 号（简写为 TR–2，指从公园土壤样品中分离出来的第二种微生物）、大黄 3 号（简写为 DH–3，指这个细菌细胞的个体偏大且菌落是黄色的）。

姜老师饶有兴致地看着同学们做的各种标记和取的生动有趣的名字，又给大家提出了一个问题："对于同学们而言，这些名字都容易记住。但是，如果把这些微生物的名字与人类已经知道的成千上万个微生物名字放在一起，会怎么样呢？"见同学们都陷入沉思，姜老师又继续说："简单而不系统的微生物命名会造成认知和理解的混乱，也不便于交流，所以科学家按照瑞典生物学家林奈提出的二元命名法则，对微生物进行科学命名，称为微生物的学名。"

知识框　微生物二元命名法则（示例）

微生物的学名一般用拉丁词表示，由种名加词和属名两部分组成，如右下图所示。菌株名是科学家第一次发现该微生物时定义的名字，相当于一个记号，菌株名一般不会变化，而属名则有可能随着分类系统的变化而改变。

奥森1号	荧光	假单胞菌
菌株名	种名加词	属名

Pseudomonas	*fluorescens*	AS-1
Genus name	Specific epithet	Strain name

微生物分类是按照微生物间的亲缘关系和微生物的形态、生理生化、细胞化学等特征，把一种微生物归类到门、纲、目、科、属、种等分类单元中。确定了一种微生物的分类单元之后，为了便于科学交流和研究，就要给这个微生物一个名称，与动物、植物的命名一样，微生物的命名同样是按照林奈提出的二元命名法则进行的，微生物的学名一般由拉丁词属名（genus name）和拉丁词种名加词（specific epithet）构成，例如 *Escherichia coli*，中文译为“大肠埃希氏菌”，简称“大肠杆菌”。

在给一个微生物正式的科学命名之前，首先要对微生物进行仔细的研究，这些研究内容包括细胞形态、生理生化特征、细胞的化学组成、系统发育地位等，还要与已经知道的微生物进行对比。例如，根据传统的微生物革兰氏染色法，可以将细菌粗略地分为革兰氏阳性菌和革兰氏阴性菌两大类，二者的细胞壁和细胞膜的构造和成分有显著差别。

如果对比后发现，这种微生物与已经知道的某种微生物一样，

知识框　革兰氏染色、革兰氏阳性菌、革兰氏阴性菌

革兰氏染色法是一种利用细菌细胞壁的结构和化学组成的不同，来鉴别细菌种类的重要方法，由丹麦医生汉斯·克里斯蒂安·革兰于 1884 年发明。

革兰氏染色一般包括结晶紫初染、碘液媒染、乙醇脱色、沙黄复染等基本步骤。一些细菌，例如枯草芽孢杆菌，由于其细胞壁含有厚厚的肽聚糖层（如下图左上图），在乙醇脱色后仍能把初染的结晶紫复合物牢牢留在壁内，因此呈紫色（如下图左下图），这类细菌被称为革兰氏阳性菌；而另外一些细菌，例如大肠杆菌，细胞壁中肽聚糖层较薄（在它的细胞壁中占 10% 左右）且肽聚糖网套稀疏，肽聚糖层外还具有富含类脂的外膜层（如下图右上图），细胞在乙醇脱色后呈无色，再经沙黄等红色染料复染后呈红色（如下图右下图），这类细菌被称为革兰氏阴性菌。值得注意的是，有的细菌革兰氏染色呈现阴性，但也具有肽聚糖层为主的细胞壁和单层细胞膜（如热纤梭菌）。因此，革兰氏染色法仅作为微生物分类的参考。

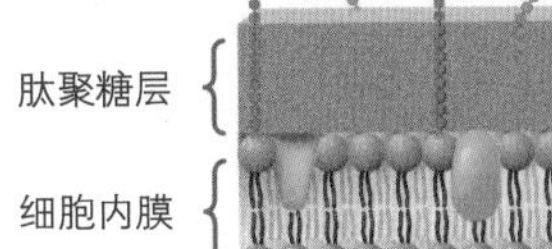

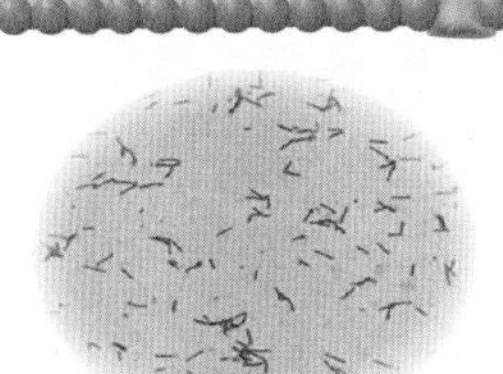

革兰氏阳性菌细胞壁结构示意图
及革兰氏染色效果图

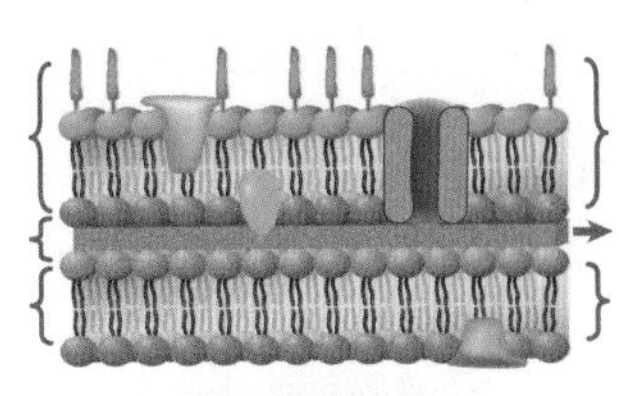

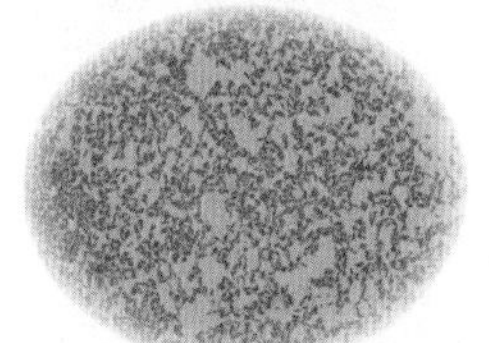

革兰氏阴性菌细胞壁结构示意图
及革兰氏染色效果图

就要采用前人对该种微生物提出的正式科学名称。例如，如果同学们从奥林匹克森林公园采集的样品中分离到的奥森 1 号与荧光假单胞菌具有相同的细胞形态和分类地位，也就是说，奥森 1 号是一种荧光假单胞菌，那么我们分离到的微生物应该称为荧光假单胞菌奥森 1 号菌株，其中，“假单胞菌”（*Pseudomonas*）是属名，“荧光”（*fluorescens*）是种名加词，“奥森 1 号”（AS-1）是菌株名，微生物学名命名的归属范围需要从大到小。如果我们分离的微生物与前人已知的微生物都不一样，不属于任意已知的微生物物种，就可以给这个细菌取一个新的种名，比如奥森假单胞菌，这里“奥森”就成了种名加词。对于一个微生物来说，属名、种名加词和菌株名就如同我们的姓名和身份证号，是每一个微生物独有的、唯一的身份标签。

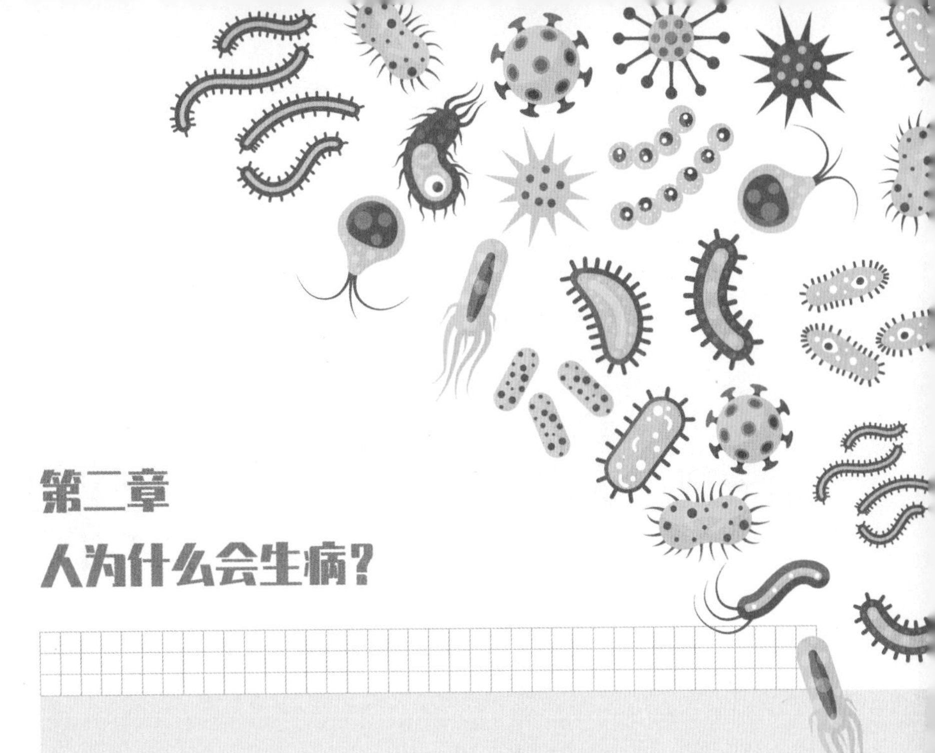

第二章
人为什么会生病?

本章主要介绍微生物感染的来源、传播方式和感染类型，细菌的致病性，引起人类疾病的病原微生物（细菌、真菌和病毒），以及由微生物所引发的疾病的治疗原则。

第一节 认知传染病

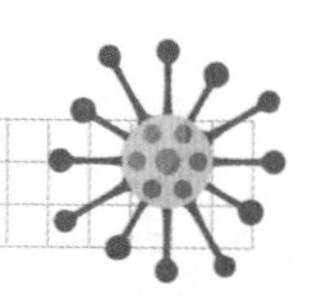

2019 年 12 月，全球暴发了由新型冠状病毒引发的新型冠状病毒感染（COVID-19）。

为了防止病毒传播和扩散，疫情期间，在公共场所大家都需要戴口罩。在微生物兴趣小组课堂上，姜老师问道：“同学们知道为什么戴口罩可以有效防止新冠病毒的传播吗？”同学们争先恐后地回答，小宇说：“因为空气中可能存在新冠病毒，戴口罩可以阻止病毒通过呼吸道进入人体，新冠病毒不进入人体就不会引起新冠病毒感染。”凌凌回答道：“戴口罩也可以防止新冠病毒感染者体内的病毒进入环境中，避免空气和物品受到病毒污染。”姜老师点点头，肯定了同学们的回答，继续说道：“回答得都没错，同学们刚才提到的就是新冠病毒感染这种传染病的典型传播特点。”

“你们知道什么是传染病吗？”姜老师不难发现同学们充满疑惑的眼神，于是继续说道：“能够在人与人之间或人与动物之间相互传

病原微生物

使人或动植物生病的微生物统称为病原微生物，也叫病原体或者病菌，细菌、真菌和病毒中都含有病原微生物。

感染：病原微生物侵入宿主体内生长繁殖并与宿主相互作用，引起一系列病理变化的过程。

传染：病原微生物从一个宿主到另一宿主体内并引起新宿主感染的过程。

寄生：一种生物生活在另一种生物体内或体表，从中夺取营养进行生长繁殖，同时使后者受损害甚至被杀死的一种相互关系。在这一关系中前者称为寄生物，后者称为寄主。

播的疾病，就是传染病。引发传染病的罪魁祸首是病原微生物。病原微生物可以通过门把手、公共电梯按钮、公交车扶手等被接触污染的物体传播，也可以通过气溶胶或者飞沫（打喷嚏、咳嗽等会产生大量飞沫）在空气中传播，还可以通过被污染（如被可引起腹泻的李斯特氏菌污染）的食物传播。病毒是一种无细胞结构的病原微生物，需要寄生于宿主的细胞内才能生存，病毒的感染由病毒侵入易感细胞、损伤或改变细胞的功能而引发。大部分的传染病由微生物引起，也有一小部分由寄生虫引起。”同学们不停点头，心中的疑云慢慢散开。

人或者其他宿主与病原微生物的关系非常复杂，并非所有携带病原微生物的人都表现出典型的临床症状，有些被感染的人症状不明显，有些甚至没有任何临床症状。这些没有任何临床症状的感染者，通常被称作“无症状感染者”，为什么有人被感染后无症状，其中的

寄生虫

寄生虫不是病原微生物，而是具有致病性的低等真核生物，通常肉眼可见，包括寄生原虫、蠕虫和节肢动物等。寄生虫寄生于宿主的体内或依附于宿主体表生存，从宿主处获取生长、发育与繁殖所需要的营养物质和庇护场所。

科学原理还不清楚，一般认为与宿主的免疫力和身体状态有关。感染病原微生物后无症状，这是当今生命科学中非常需要探索的课题。无症状感染者也能够传播病原微生物，引发新的感染，所以，在传染病流行时，对无症状感染者也要足够重视。控制传染源是阻断疾病传播的关键。一旦发现病人，需要马上隔离并进行治疗。由于可能存在无症状感染者，并为了快速阻断病原微生物传播，有时还会采取社会区域管控或者隔离等措施。这些措施都是为了从源头上阻断病原微生物的扩散。戴口罩可以有效地切断病毒的传播途径。

“戴口罩还能预防其他的传染病吧？”爱动脑筋的小宇若有所思。

姜老师点点头，继续讲道：“不同的病原微生物有不同的感染途径和致病机制。它们可以通过呼吸道、消化道、泌尿生殖道、眼结膜、破损的皮肤等途径侵入机体，或者通过输血、蚊虫叮咬等方式直接进入血液循环系统来侵入机体（图 2–1）。戴口罩能够有效阻止病原微生物通过呼吸道进入人体。新冠病毒等冠状病毒，主要通过呼吸道进入人体。此外，引发流行性感冒（简称“流感”）的流行性感冒病毒，引起流行性腮腺炎的腮腺炎病毒，引发水痘的水痘 – 带状疱疹病毒，引起百日咳的百日咳鲍特菌，以及引起白喉的病原体白喉棒

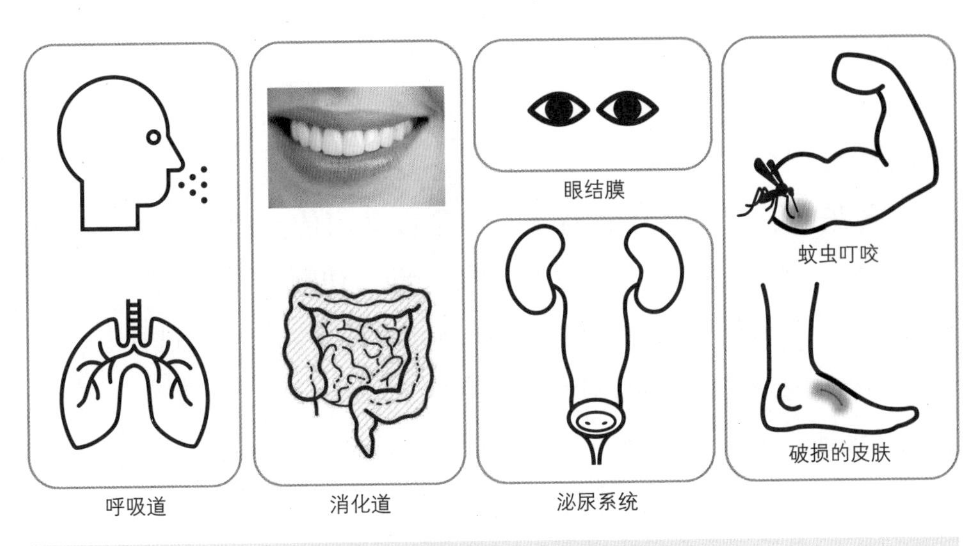

◎ 图 2-1 病原微生物不同的感染途径示意图

状杆菌，都是通过呼吸道侵入人体的。

“大部分病菌只能通过一种途径侵入机体，但有的病菌可以通过多种途径侵入机体。比如，结核分枝杆菌可以通过呼吸道侵入机体引起肺结核，也可以经皮肤创口侵入机体引起皮肤结核，还可以经口侵入消化道引起肠结核。因此，要根据疾病的传播途径来选择合适的预防措施。”

“阿——嚏——”正在这时，小磊忍不住打了一个大大的喷嚏，他赶紧用前臂外侧挡住自己的口鼻。有同学下意识地摸了摸自己的口鼻，检查口罩是否佩戴好。

“看来同学们对于呼吸道传染病的防护意识很到位。”姜老师微笑着说，“细菌或病毒在人群中不同个体之间的传播是水平传播，这是常见的传播方式。有一些细菌或病毒会通过特定的方式由亲代传给子代，比如通过胎盘、产道等途径，或产后哺乳等方式使子代被感染，这就是垂直传播。”

小磊喃喃自语道："我奶奶最近感冒了，结果第二天我爸爸也感冒了，这是流感病毒的水平传播。我们戴口罩预防的是病原微生物的水平传播。"

"传染源、传播途径和易感人群是传染病传播的三个基本环节（图 2-2）。预防传染病就是从控制传染源、切断传播途径和保护易感人群这三个方面入手的。例如，在新冠病毒感染的防治过程中，对于确诊病例或者核酸检测阳性者，会采取隔离措施（控制传染源）。在公共场所，要求大家戴口罩（切断传播途径）。满足条件的人群建议接种新冠疫苗（保护易感人群）。"姜老师补充道。

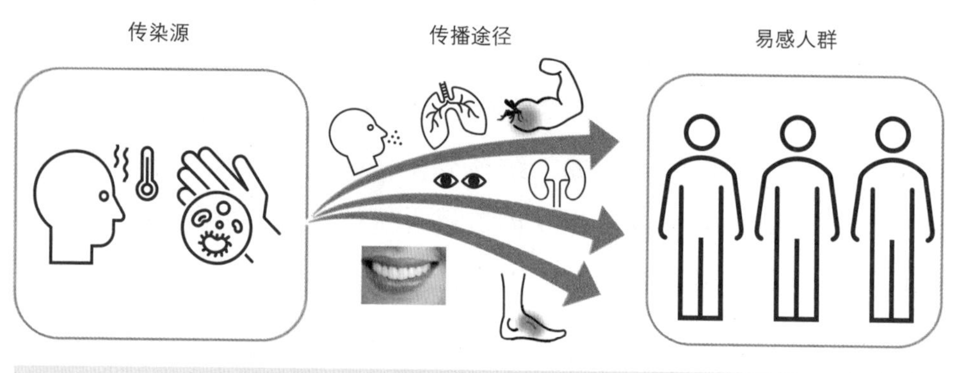

◎ 图 2-2 传染病传播的三个基本环节示意图

第三节　细菌的致病作用

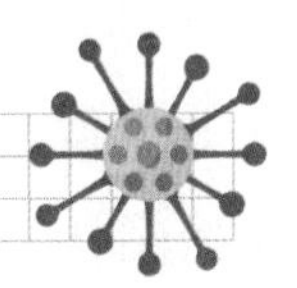

上周的微生物兴趣小组课上，同学们初步了解了传染病的基本知识，今天一上课，姜老师就问道：“同学们，你们知道哪些常见的传染病呢？”

同学们争先恐后地回答：“新冠病毒感染，肺结核，鼠疫，霍乱，狂犬病，艾滋病！”“脚气，脚气也会传染！”“还有流感，秋冬季的时候经常有人得流感！”“还有乙肝！”

“同学们说得都对！按照引起传染病的病原微生物的类型，我们可以把传染病大致分为三类：一类是由细菌等原核微生物引起的传染病，比如鼠疫、霍乱、肺结核、支原体肺炎、沙眼、梅毒等；脚气也就是足癣，是由真菌这类真核微生物引起的；艾滋病、流感、乙肝和狂犬病是由于感染了病毒这类没有细胞结构的微生物引起的。由于细菌、真菌和病毒的结构不同，繁殖特点各异，所以它们对人致病的过程也存在差异。接下来，我们先一起讨论细菌是如何使人生病的。”

姜老师的话音刚落，佳佳连忙提问：“到底什么样的细菌会使人生病呢？”

“同学们首先要知道，并不是所有的细菌都会引起疾病。就病原菌而言，不同病原菌的致病性差异很大。致病性强的鼠疫耶尔森菌只需要数十个或者数百个细胞就能使人感染鼠疫，而摄入上亿个致病性弱的沙门氏菌才可能引起急性胃肠炎。细菌的致病性与它们自身的结构以及所产生的多种物质有关。”姜老师解释道。

“那细菌产生的哪些物质能使人生病呢？”佳佳迫不及待想弄清楚答案。

“这就要从细菌在人体内的生命历程说起了。”姜老师说。

“细菌要想引起人的感染，首先需要进入人体。皮肤和黏膜屏障会把细菌阻挡在身体之外。因此细菌先要突破我们的生理屏障才能进入人体，之后还要到达人体内适合它生存的部位定居下来生长繁殖，进一步地在体内扩散，将感染扩大。所有有助于细菌在人体内定植、繁殖和扩散的物质都与其致病性相关。例如，细菌菌体表面的菌毛或者其他黏附素有利于细菌定植在细胞表面，细菌产生的毒素和侵袭性的酶，细菌细胞壁外的荚膜和细菌群体外面包裹的生物被膜都有利于病菌在宿主体内生存、繁殖和扩散，所以这些都与致病相关（图 2–3）。致病性强的细菌往往能产生多种致病物质，或者产生毒性很强的毒素。”姜老师解释道。

“听起来好可怕，我要远离细菌。”小磊自言自语道。

姜老师赶紧摆摆手，说：“我们的身体可离不开细菌哦！我们之前讲过，无菌动物不能健康生活。我们每个人都有自己的正常菌群，也就是正常寄居在我们体表和与外界相通的腔道（如口腔、鼻

定植、毒素、荚膜和生物被膜

细菌的定植是指细菌在宿主细胞间生长繁殖，形成细菌群体。定植是细菌引起机体感染的基础。

毒素包括外毒素和内毒素。多数革兰氏阳性细菌和少数革兰氏阴性细菌在生长繁殖的过程中会产生有毒性作用的蛋白质并释放到菌体外，即外毒素。内毒素是革兰氏阴性细菌细胞壁的脂多糖，当菌体死亡崩解后游离出来。细菌体内侵袭性的酶能损伤机体组织，有利于细菌的侵袭和扩散。

荚膜是指某些细菌在机体内或者营养丰富的培养基中形成的包被在细胞壁外的一层黏液性物质，为多糖或蛋白质的多聚体。与细胞壁结合紧密的荚膜，根据厚度不同可以分为荚膜和微荚膜，仅是疏松地附着在细胞壁外面的荚膜，称为黏液层。

生物被膜是指某些细菌黏附于介质表面时分泌的胞外多聚物，胞外多聚物由多糖、蛋白质和DNA组成，像分子胶水一样将细菌细胞网络在其中，形成膜样的微生物细胞聚集物。

侵袭性的酶

外毒素

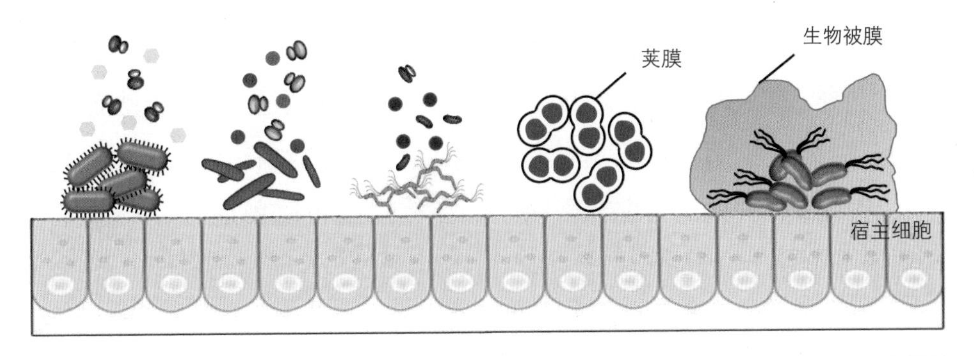

◎ 图 2-3　细菌的主要致病物质

咽腔、外耳道、肠道、泌尿生殖道等）表面的细菌，它们对人不仅无害，反而有益。引起疾病的细菌是少数，多数细菌是非病原菌（图 2–4）。”

◎ 图 2–4　病原菌、条件致病菌和非病原菌

爱动脑筋的小宇举手提问：“那我们身体中的这些非病原菌会使人生病吗？”

姜老师微笑着回答：“正常菌群与人体宿主之间相互依赖、相互制约，正常情况下不会致病。但有些细菌在某些特定条件下会致病，它们被称为条件致病菌或机会致病菌（图 2–4）。”

“那它们致病需要什么机会或条件呢？”小磊接着问道。

“正常菌群中，微生物的种类、数量在人体宿主内处于动态平衡之中，如果正常菌群的寄居部位发生改变、种群结构或数量发生大幅度变化（菌群失调），或者当宿主的免疫功能下降的时候，一些条件致病菌就会引起人的疾病。

“比如说，大肠埃希氏菌是我们肠道里面的正常菌群，通常不致病。但是，如果大肠埃希菌进入尿道就可能引起尿道炎；通过手术伤口进入腹腔或者血流，就可能引起腹膜炎或败血症。可引起肺炎的肺炎链球菌通常寄居在正常人的鼻咽腔中，当人感冒的时候，身体免疫力下降，肺炎链球菌就可能乘虚而入，引起肺炎。儿童的免疫力本来就较弱，所以一旦感冒，就很容易并发肺炎。此外，在我们大量应用抗生素治疗感染性疾病的同时，也会抑制或杀灭正常菌群，使得人体内本来数量较少的细菌群体或者耐药菌趁机大量繁殖，出现菌群失调，造成条件致病。我们在后面的课程中还会详细讲述抗生素的危害（第五章）。”姜老师说道。

某些微生物或动植物所产生的能抑制或杀灭其他微生物的一类次级代谢产物、能干扰其他细胞发育功能的化学物质称为抗生素。如抗菌用的青霉素、链霉素、红霉素、头孢拉定；抗肿瘤用的丝裂霉素，抑制免疫反应的环孢素等。

“那我们要尽量远离病原菌，和其他细菌和谐共处。”小磊补充道。

姜老师继续说道：“我们即使接触了病原菌，也不一定会生病。比如，我们如果在皮肤完整时接触破伤风梭菌或者它的芽孢，是不会患破伤风的；如果用手摸了摸含志贺菌（俗称“痢疾杆菌”）的食物，也不会患细菌性痢疾。细菌只有通过特定的途径进入人体，并且达到一定的数量，才能使人生病，这个是由细菌本身的致病性决定的。

“由于不同的人抵抗病菌的能力是不一样的，所以即使接触了同样数量的同一种病菌，也会出现不同的结果。细菌是否致病不仅与细菌自身的致病性相关，也和人的免疫力密不可分。例如，即便摄入了同样的被志贺菌污染的食物，也不是每个人都会患细菌性痢疾。所以，平常我们要加强体育锻炼，提高自身的免疫力。”姜老师补充道。

第三节 细菌与人类疾病

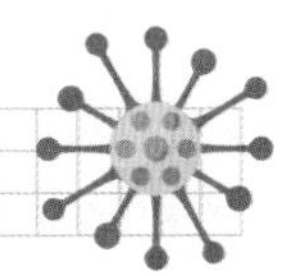

上周的微生物兴趣小组课上，姜老师带同学们了解了传染病、病原微生物和疾病传播途径。下课之后，同学们热情不减，围着姜老师问哪些微生物可以使人生病。于是，接下来姜老师将带大家一起认识一些引起人类常见疾病的细菌、真菌和病毒。

上课没多久，小宇看起来气色不太好，捂着肚子，举手请假去卫生间。他告诉姜老师，昨天看到路边摊上的凉粉和豆皮太诱人了，放学路上顺便买了一些，高高兴兴地边走边吃。夜里就感觉肚子痛，频繁地跑厕所，今天早上还不见好。

姜老师让小宇及时去医院就诊，接着向同学们讲解了可能会引起腹泻的致病微生物。

腹泻是细菌性痢疾的典型症状。人极易感染痢疾杆菌，只需要10—150 个痢疾杆菌就可引起感染，出现腹泻、肚子疼等症状，而且人感染痢疾杆菌之后不会获得牢固的免疫能力，再次摄入带菌的食物时还是会出现感染。”

“在外面买的熟食，我们家都会蒸煮之后再吃。”佳佳说道。

姜老师点点头：“这是很好的饮食习惯。食物蒸煮之后再食用，更加安全。痢疾杆菌的抗热能力很弱，在 60℃条件下加热 10 分钟就会被杀死。预防细菌性痢疾，尽量把食物加热煮熟再食用，并且一定不要食用腐烂变质的食物，还要注意个人卫生，比如饭前便后一定要洗手。冰箱里的食物，不要长期贮存，有一种可引起腹泻的李斯特氏菌，特别容易通过冰箱里的冷藏食物传播。”

接着，姜老师问道：“大家平时都会吃鸡蛋和鸡肉吧？”同学们都点了点头。“那我们来认识另外一种肠道致病菌——沙门氏菌。如果母鸡感染了沙门氏菌，那么它产下的鸡蛋里面就可能含有沙门氏菌，蛋壳表面也可能会沾上沙门氏菌。为了预防可能存在的沙门氏菌污染，我们在吃鸡蛋的时候，一定要先用清水将鸡蛋壳洗净，然后充分煮熟，使蛋清和蛋黄完全凝固再食用。沙门氏菌还可能存在于肉制品中，因此食用这些食物之前都要充分加热杀菌，避免引发食物中毒。还有一些类型的沙门氏菌会引起人类肠热症，如伤寒和副伤寒。”

“姜老师，还有哪些细菌和‘吃出来的疾病’相关呢？”同学们很好奇。

姜老师回答道：“有一种在海水中可以存活一个半月之久的细菌，叫副溶血性弧菌，它容易污染海产品，是引起沿海地区微生物性食物中毒的首要病原菌。副溶血性弧菌抵抗力不强，不耐热，而且对食醋敏感……”

没等姜老师说完，活泼的凌凌就插嘴道：“所以我们要吃煮熟煮透的海鲜。”

伤寒玛丽

玛丽·梅伦（Mary Mallon），1869年生于爱尔兰，15岁时移民美国，是美国发现的第一位伤寒沙门氏菌的“无症状带菌者”。作为厨师，她使数十个食用过她烹饪的食物的人感染伤寒，其中3人死亡。她前后两度被隔离，时间长达27年。

起初，玛丽给人当女佣，后来改当厨师，因为厨师的薪水比女佣高很多。1900年至1907年，玛丽先后被8个家庭雇佣为厨师，其中7个家庭感染伤寒。卫生部门经过调查发现，玛丽是一名伤寒沙门氏菌的“无症状带菌者”，能传播伤寒，她因此被隔离在医院之中。1910年，在玛丽同意不再做厨师的前提下，卫生部门解除了对她的隔离。1915年，纽约一家妇产医院暴发了伤寒，25人被感染，2人死亡。卫生部门很快在这家医院里找到了玛丽，她已经改名为“布朗夫人”。玛丽因此被再度隔离，直至去世。死后尸检发现她的胆囊中含有很多活的伤寒沙门氏菌，这些细菌正是导致多人感染伤寒的罪魁祸首。

“没错。”姜老师继续讲道，“如果想要满足口腹之欲生食海鲜，可以用食醋调味，这样也可以达到杀死副溶血性弧菌的目的。”

“怪不得吃虾或螃蟹的时候，妈妈总会准备一些醋，让我蘸着吃，原来醋不仅能调味，还能杀死病菌。”凌凌恍然大悟。

有一些致病型的大肠埃希氏菌也会引起急性胃肠炎。当牛奶或肉类被金黄色葡萄球菌污染，该细菌产生的肠毒素也能引起食物中毒（急性胃肠炎），较常见的症状是呕吐。厌氧型的细菌（如产气荚膜梭菌）污染肉类食品产生的肠毒素会引起食物中毒；如果肉毒梭菌污染了罐头制品、肉制品或者发酵豆制品，细菌产生的肉毒毒素也会引起食物中毒。肉毒毒素的中毒症状与其他食物中毒不同，少见胃肠道症状，而主要表现为弛缓性瘫痪，这是肉毒毒素作为神经毒素作用的结果。常见的病原性细菌示意图，见图 2–5。

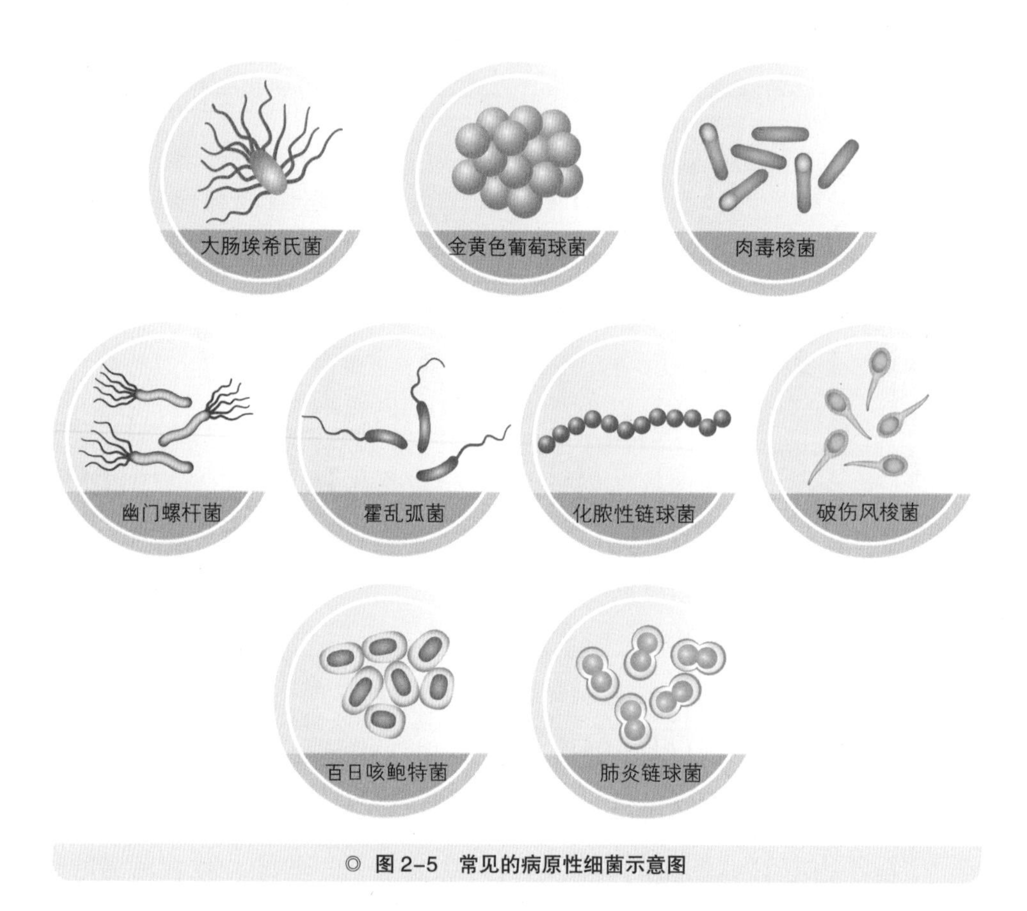

◎ 图 2–5 常见的病原性细菌示意图

可引起慢性胃炎和消化性溃疡的幽门螺杆菌（图 2–6）现在备受关注，人群中该菌的感染者比例高达 80%。幽门螺杆菌存在于感染者的粪便、唾液以及其牙菌斑中，可以通过粪—口或者口—口途径在人与人之间传播。一起吃饭的时候共用餐具有可能传播幽门螺杆菌；不良的卫生习惯，如饭前便后不洗手，也可造成幽门螺杆菌感染。由于

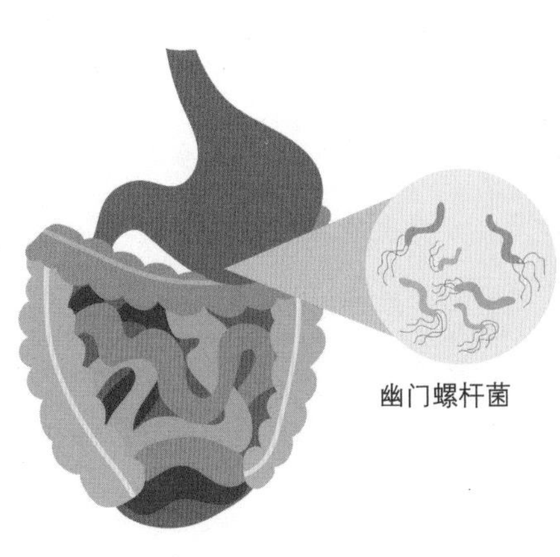

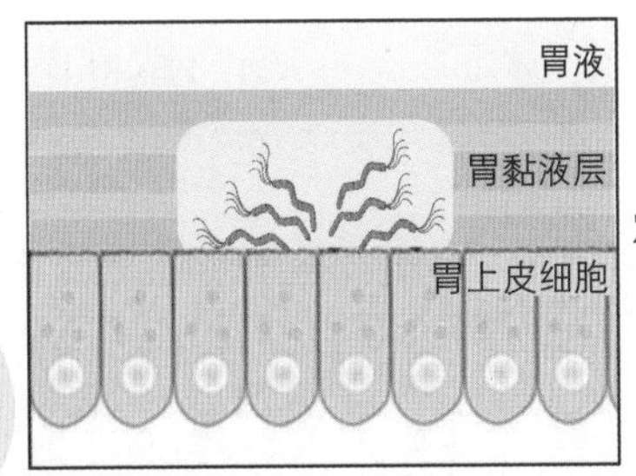

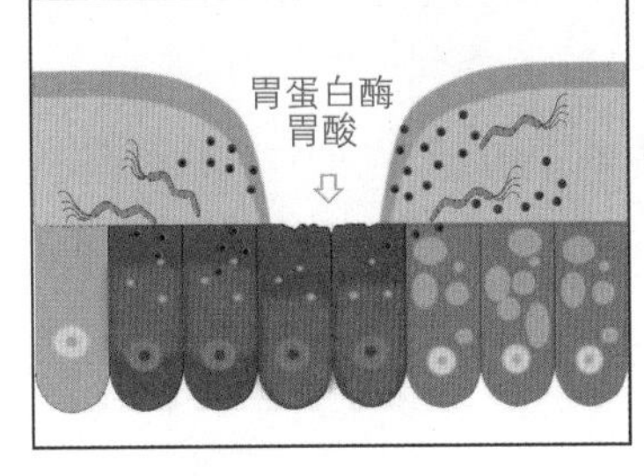

◎ 图 2-6　幽门螺杆菌引起胃部疾病

幽门螺杆菌的传播特点，它的感染具有明显的家庭聚集现象，也就是一人感染容易造成全家感染。

小磊满脸疑惑：“我爷爷就查出来被幽门螺杆菌感染了，但是我爸爸、我妈妈和我奶奶都没有被感染，我们住在一起，也没有出现家庭聚集感染呀。”

“那请你想一想，你们家吃饭的时候有什么特别的习惯吗？”姜老师问道。

小磊回答道：“我们家里每个人都有自己专用的碗筷。吃饭的时候用公筷从盘子里夹菜放到自己的碗里，不会用自己的筷子直接夹菜。”

姜老师竖起大拇指：“正像刚才小磊同学提到的那样，用餐时使用公筷或者实行分餐制，养成良好的个人卫生和公共卫生习惯，都可以有效地切断幽门螺杆菌的传播途径。”

知识框　幽门螺杆菌的发现

1979年，澳大利亚皇家珀斯医院的病理学家罗宾·沃伦在慢性活动性胃炎患者的胃黏膜活检标本中观察到一种弯曲状的细菌，并且发现这种细菌邻近的胃黏膜总伴有炎症存在，因而意识到该细菌和胃炎可能有密切关系。

之后，沃伦与年轻的消化科医生巴里·马歇尔合作开展研究。经过多次失败之后，他们终于在1982年从胃黏膜活检样本中成功分离并培养了该细菌，即幽门螺杆菌。马歇尔甚至“以身试菌”，不惜喝下该菌的培养液，证实了幽门螺杆菌就是导致胃炎和消化性溃疡的病原菌，并且创用了临床根治胃炎和消化性溃疡的方法。

沃伦和马歇尔发现“幽门螺杆菌就是导致胃炎和消化性溃疡的病原菌”，与当时的主流观点“胃液的酸性环境很强，胃里面不可能有细菌存在，胃炎和消化性溃疡不可能由细菌引起”相悖。尽管不被大众认同，他们并没有因此而放弃，而是通过更缜密的实验设计和更丰富的实验数据，使大众最终接受了他们的科学观点。沃伦和马歇尔因此分享了2005年的诺贝尔生理学或医学奖。他们坚持真理、勇于探索、合作创新以及甘于奉献的科学精神，是值得我们尊敬和钦佩的。

目前的遗传学研究显示，幽门螺杆菌在人类体内已存在十多万年，这个时间跨度是目前检测手段所能达到的极限。在长期的进化过程中，幽门螺杆菌演化出了一套在人类胃中留存下来的“策略”。纽约大学微生物学教授马丁·布莱泽基于团队的研究结果，认为幽门螺杆菌与人类宿主长期共存，亦敌亦友。尽管已有研究表明幽门螺杆菌是导致慢性胃炎和消化性溃疡的病原菌，并且与胃癌的发生相关，然而只有一小部分幽门螺杆菌的携带者最终会患上这些疾病。相反，携带幽门螺杆菌可以降低某些疾病的患病风险，比如在全球很多地区发病率急速上升的食管疾病（胃食管反流病和食管腺癌等）。另外，幽门螺杆菌还可以降低一些儿童过敏性疾病的患病风险，比如哮喘、花粉症以及特应性皮炎等。由此我们不难发现，幽门螺杆菌与人体健康的关系并非我们想象的那么简单，还需要对它进行更多的研究。

通过消化道传播的疾病，还有一种是我国法定的甲类传染病——霍乱。引起霍乱的病原菌——霍乱弧菌在水环境中可以存活半个多月，污染水源和食物，经口进入人体引起感染；也可以通过苍蝇等昆虫作为媒介或者日常生活的密切接触引起感染。霍乱弧菌存在于患者的粪便中。地震、海啸和泥石流等自然灾害后，一些卫生状况不佳的欠发达地区一般容易出现霍乱的大流行。2010 年，海地地震后就出现了霍乱的流行。

通过消化道传播只是细菌性疾病传播的一种途径。正如之前提到的，传染病可以通过多种途径传播。比如产气荚膜梭菌和肉毒梭菌还可以通过创伤感染，分别引起气性坏疽和创伤性肉毒中毒。破伤风梭菌的芽孢在泥土、铁锈以及人和动物的粪便中广泛存在，如果芽孢侵入伤口，或者机体出现大面积创伤，坏死组织多的时候，就极有可能引发破伤风。之前提到过的结核分枝杆菌也是一种很常见的通过多种途径传播的病菌。结核分枝杆菌主要经呼吸道感染引起肺结核，根据中国疾病预防控制中心的统计数据，多年来我国肺结核的发病率和死亡率均排在乙类传染病的前五位。此外，这种病原菌还可以通过消化道侵入人体引起肠结核，通过破损的皮肤侵入人体引起皮肤结核。

霍乱

霍乱是指因摄入的食物或水受到霍乱弧菌污染而引起的一种急性腹泻性传染病。估计每年有300万—500万霍乱病例，10万—12万人因之死亡。发病高峰期在夏季，能在数小时内造成腹泻脱水甚至死亡。

霍乱弧菌的O1和O139两种血清型能够引起疾病暴发。大多数的疾病暴发由O1型霍乱弧菌引起，而1992年首次在孟加拉国确定的O139型仅限于东南亚一带。非O1非O139霍乱弧菌可引起轻度腹泻，但不会造成疾病流行。

除了肺结核，通过呼吸道飞沫传播的疾病还有在两岁以下儿童中易发的流行性脑脊髓膜炎（简称“流脑”），其病原体是脑膜炎奈瑟菌。婴幼儿易感的百日咳、儿童易感的白喉也都是呼吸道传染病，分别由百日咳鲍特菌和白喉棒状杆菌所引起。咳嗽症状延续较长时间的病人，可能得的是由肺炎链球菌引起的大叶性肺炎。这种肺炎具有典型的X光片影像学特征，因此也叫典型性肺炎。根据咳嗽的临床症状，医院里面有时候也会检查支原体和衣原体这两类病原体，因为它们可以引起非典型性肺炎。化脓性链球菌可以引起化脓性扁桃体炎、猩红热、脓疱疮和丹毒等疾病。

除了消化道传播、呼吸道传播这两种常见的传播方式，一些细菌性感染可通过性接触的方式进行传播，比如由淋病奈瑟菌引起的淋病，还有一些支原体和衣原体也能引发性传播疾病。

姜老师讲课的时候同学们听得专心致志，姜老师讲完之后大家讨论热烈。通过这次微生物兴趣小组课，同学们不仅将平时听闻的一些常见疾病和引发疾病的病原体联系了起来，还学习到了重要的生活常识和正确的卫生习惯，包括个人卫生、公共卫生以及饮食卫生习惯。大家一起期待着下一次姜老师的趣味开讲。

第四节　真菌与人类疾病

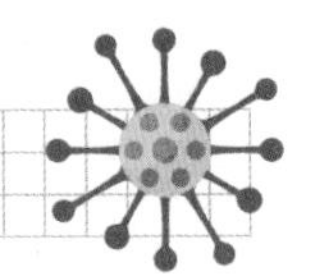

真菌细胞具有由核膜包围的细胞核，是真核生物。真菌在自然界中广泛分布，绝大多数真菌对人类有益，但少数真菌会感染人体，引起真菌病。今天姜老师要带同学们讨论的问题就是真菌和人类疾病。

姜老师刚刚宣布讨论的话题，活泼的凌凌就迫不及待地发言：“我知道！足癣就是真菌引起的。”

“食物发霉是霉菌引起的，霉菌也是真菌。”小磊说道。

“真菌引起的手癣和足癣（图 2–8）等人类皮肤病是最普遍的真菌感染。足癣俗称脚气，是由皮肤癣菌感染导致的。但是皮肤痒不一定都是由致病性真菌直接感染引起，可能是由于接触、食入或者吸入真菌的孢子或者菌丝出现了一些过敏反应，表现为过敏性皮炎、湿疹、荨麻疹。”知识渊博的佳佳说道。

“引起人类感染的真菌除了致病性真菌，还有一些是条件致病性

真菌

真菌是一大类真核细胞型微生物，细胞核高度分化，有核膜和核仁，细胞质内有完整的细胞器，不含叶绿素，无根、茎、叶的分化。真菌在自然界分布广泛，种类繁多，以腐生或寄生方式生存，少数为单细胞，多数为多细胞。

单细胞真菌为圆形或卵圆形，无真菌丝，分为酵母型（如酵母菌）和类酵母型〔如白假丝酵母菌（图 2–7）〕。多细胞真菌由菌丝和孢子构成。一条菌丝可以长出多个孢子，孢子是真菌的生殖细胞，孢子有有性孢子和无性孢子之分，孢子的形态、大小、结构、颜色以及着生方式是真菌鉴定和分类的主要依据。

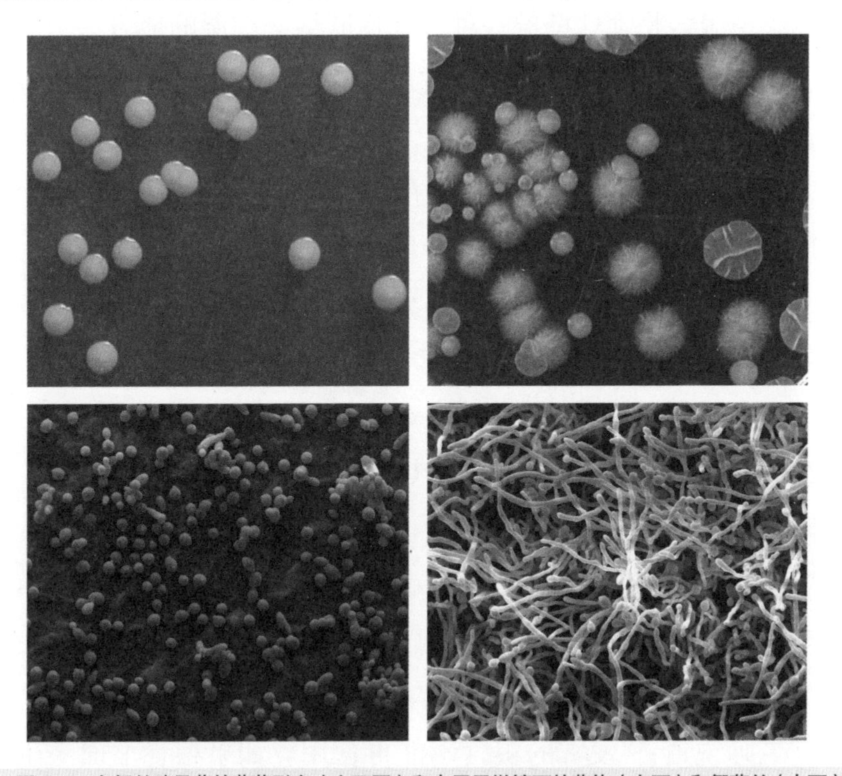

◎ 图 2–7　白假丝酵母菌的菌落形态（上两图）和电子显微镜下的菌体（左下）和假菌丝（右下）
（中国科学院微生物研究所黄广华供图）

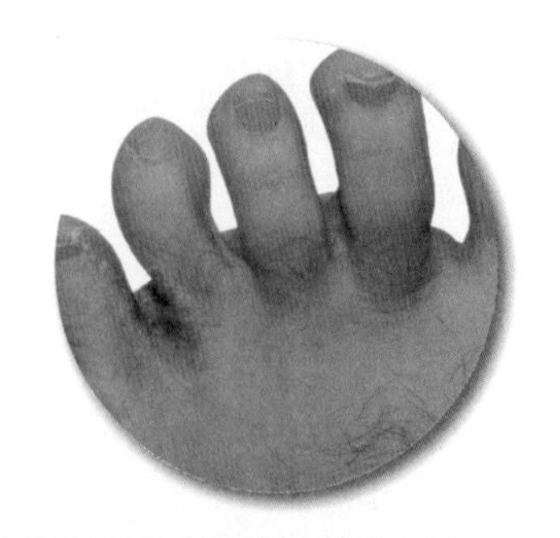

◎ 图 2-8 真菌引起的疾病——足癣

真菌。比如，寄居在我们皮肤、口腔和肠道黏膜的白假丝酵母菌，在人体菌群失调或者免疫力下降时会引起假丝酵母病。白假丝酵母菌又称白色念珠菌，是念珠菌的一种，在皮肤褶皱潮湿的地方易引起皮肤感染，这种菌感染黏膜之后出现皮肤念珠菌病，口腔念珠菌病也叫鹅口疮。”姜老师补充道。

“面包、瓜果、蔬菜和谷物等食物如果储存不当，就会滋生霉菌（例如青霉菌）而发霉（图 2-9 上图）；黄曲霉也会污染大米、玉米（图 2-9 下图）等粮食和花生等坚果。这些霉菌在一定的条件下会产生毒素，污染农作物和食物，引起人类真菌毒素中毒，造成组织器官的损伤。”佳佳接着说道。

“同学们觉得发霉的粮食，加热煮熟之后还可以食用吗？”姜老师提问道。

“可以吧，加热煮熟之后霉菌就被杀死了。”小磊话音刚落，佳佳带着迟疑的表情问道：“加热可以破坏一切有害成分吗？”大家不知道如何回答，都期待姜老师来解惑。

姜老师说道：“发霉的粮食不能再食用。如果粮食上面滋生的是黄曲霉，而它又产生了黄曲霉毒素，食用这些粮食后就可能出现黄曲

◎ 图 2–9　发霉的面包与青霉菌的分生孢子（上）及发霉的玉米与黄曲霉的分生孢子（下）

霉毒素中毒。该毒素是致癌物，与肝癌的发生相关，而且该毒素十分稳定，280℃以上的高温才能将其破坏，我们平时常用的烹饪方式根本没法消除其毒性。所以，霉变的食物不能食用。”

第五节 病毒与人类疾病

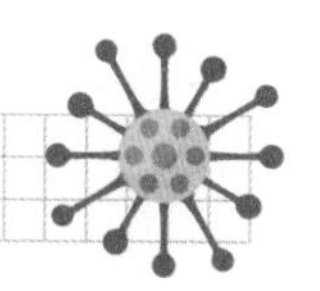

北京入秋之后，气温骤降，昼夜温差增大，患感冒的同学也增多了。

今天，微生物兴趣小组将学习和讨论的是引起人类常见疾病的病毒。

姜老师面带微笑，看着同学们熟悉的面容，开始讲课："大家好，这几天有不少人得了感冒，希望大家呵护好自己的健康，也请大家集中注意力，好好听课。"

"感冒是呼吸系统最常见的疾病，主要通过呼吸道飞沫和气溶胶在人群中传播。感冒分为普通感冒和流行性感冒两类。普通感冒可以由鼻病毒（图 2–10 左图）、普通冠状病毒（图 2–10 中图）、腺病毒和呼吸道合胞病毒等多种病毒引起，常见的症状主要是咳嗽、打喷嚏、流鼻涕、鼻塞和喉咙不适等，也有一些人会出现低热的症状，一般没有并发症。而流感病毒（图 2–10 右图）引起的流行性感冒则比

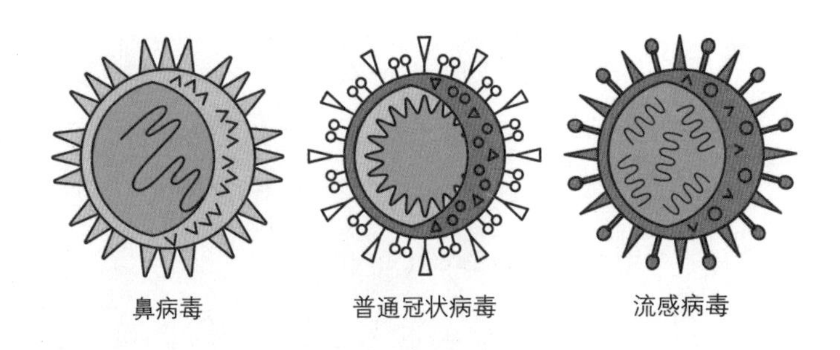

◎ 图 2-10 常见病毒的模式图

普通感冒症状要严重许多，通常会出现高热，体温 38℃以上，甚至可达 40℃，还会伴有寒战、头痛、全身乏力、肌肉关节酸痛和食欲减退等全身症状，严重者还可能出现肺炎、呼吸困难乃至休克等并发症。”

佳佳举手提问：“那平时经常听说的甲流、禽流感、猪流感和流感病毒又是什么关系呢？禽流感只会让鸟类感染吗？猪流感只会让猪生病吗？”

姜老师回答道：“要回答这些问题，我们先要弄清楚流感病毒的分类。

“根据流感病毒结构蛋白（核蛋白和基质蛋白）的抗原性不同，可以把流感病毒分为甲、乙、丙三型。甲型流感病毒可以感染人类，也可以感染鸡、猪、马等动物，乙型流感病毒可以感染猪和人，而丙型流感病毒一般只引起人类疾病。三种病毒中，甲型流感病毒变异性极强，乙型次之，仅引起小范围流行，而丙型流感病毒的抗原性非常稳定。甲型流感病毒通过快速变异可以形成新的亚型，根据病毒颗粒包膜表面血凝素（HA）和神经氨酸酶（NA）的抗原性不同，目前可以分成多个亚型，HA 有 16 种，NA 有 9 种。新亚型的出现使人群缺乏相应免疫力，就会出现流感大流行。

“甲型流感病毒曾在历史上引起多次世界性的流感大流行。某些亚型的甲型流感病毒使禽类感染禽流感，在其发生变异之后可以获得感染人的能力，如高致病性H5N1和2013年新出现的亚型H7N9禽流感病毒。人类主要通过接触染病的禽鸟（活鸟或死鸟）、禽鸟粪便或禽鸟污染的环境（如活禽市场）而感染禽流感病毒，但人与人之间的传染性低。甲型H1N1流感病毒（图2-11）能使人感染，也能使猪感染猪流感，因此也把它叫作猪流感病毒。”

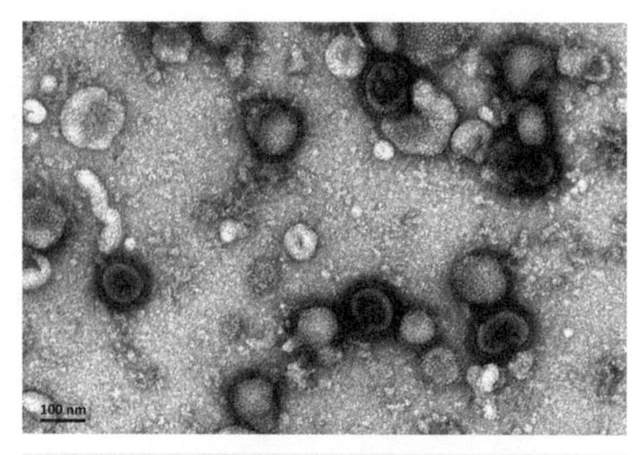

◎ 图 2-11　甲型 H1N1 流感病毒电子显微镜照片
（中国科学院微生物研究所刘文军供图）

见同学们不住地点头，一副副如饥似渴的神情，姜老师继续介绍道：“不光有分类复杂的流感病毒，还有其他病毒常引起危害人类健康的传染病。

“麻疹病毒常在儿童中引起传染性很强的急性传染病——麻疹。麻疹患儿会出现皮丘疹、发热及呼吸道症状，严重的可能导致死亡。急性期的麻疹病人是传染源，病毒主要通过飞沫传播，也可通过接触病人的用品或者与病人发生密切接触而传播。儿童中常见的流行性腮腺炎由腮腺炎病毒引起，主要通过飞沫传播，腮腺肿胀和疼痛是其主要症状，严重者会并发脑炎。由风疹病毒引起的风疹在人群之中通过呼吸道进行水平传播。风疹病毒最严重的危害是孕妇通过垂直传播，引起流产或死胎，或引起胎儿畸形等先天性风疹综合征。人类是麻疹病毒、腮腺炎病毒和风疹病毒的唯一自然宿主。”

学习了常见的病毒引起的呼吸道传染病之后，同学们又开始好奇

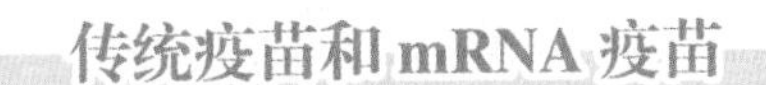

知识框　传统疫苗和mRNA疫苗

疫苗是用来激活或者提高人体免疫力的制剂，通常以灭活或者减毒的病原微生物整体或其组成成分为材料，采用生物技术的方法制备而成。疫苗包括灭活疫苗、减毒活疫苗和基因工程疫苗等。近年来，受益于生命科学理论和技术的发展，人们针对病毒特定DNA片段的序列，设计并合成mRNA分子，产生靶标蛋白或免疫原，激活人体免疫反应，以对抗各种病原体，用这种方法合成的疫苗称为mRNA疫苗。mRNA疫苗利用的是病毒的基因序列而不是病毒本身或者其组分，因此，mRNA疫苗不带有病毒本身的物质成分。同传统疫苗研究和生产相比，mRNA疫苗具有研发周期短、易于批量生产、可以快速改变设计以适应病毒变异等优点，是现代疫苗发展的一个重要方向。但由于mRNA疫苗用于预防疾病的历史时间短，还需要密切观察这类疫苗的副作用等。

哪些病毒可以通过消化道感染和传播。于是，姜老师又给同学们讲起了通过粪—口途径引起感染的常见病毒。

“同学们小时候有没有在打预防针的地方吃过糖丸呢？”姜老师问道。

“吃过吃过！”“记得小时候有一次本来要去打预防针的，护士阿姨不但没给我打针，还给我吃了一颗白色的小糖丸，然后就让我回家了，印象很深刻。”“是呀，要是都不用打预防针，只吃糖丸就好了。”同学们七嘴八舌地聊了起来。

糖丸是用来预防脊髓灰质炎的减毒活疫苗。脊髓灰质炎由脊髓灰质炎病毒引起，病人以儿童多见，会出现弛缓性肢体麻痹，所以也叫“小儿麻痹症”。感染脊髓灰质炎病毒的人会通过粪便排出病毒，其他人如果摄入被带病毒粪便污染的食物或者饮用了被污染的水，可能会发生感染，这就是典型的粪—口传播途径。

说到糖丸，就不得不提“糖丸爷爷”顾方舟了。20 世纪 50 年代，脊髓灰质炎在我国多个地区流行，这种传染病多见于 7 岁以下儿童，大多数人为隐性感染，少数人出现症状，起初症状和患感冒一样，一旦出现严重症状，孩子的腿脚手臂无法动弹，更严重的，如果影响到延髓，则有生命危险。1957 年，顾方舟带领团队开始对脊髓灰质炎进行研究。1958 年，首次分离出脊髓灰质炎病毒。1960 年，成功研制出首批脊髓灰质炎灭活疫苗。在研制疫苗的过程中，顾方舟用自己和自己的孩子进行临床试验，检验疫苗的安全性。1962 年，他又牵头研制成功脊髓灰质炎减毒活疫苗。自脊髓灰质炎疫苗问世以来，我

糖丸爷爷——顾方舟

顾方舟（1926 年—2019 年），我国著名医学科学家、病毒学家。他把毕生精力都投入消灭脊髓灰质炎这一儿童急性病毒性传染病的战斗中，被称为“中国脊髓灰质炎疫苗”之父。

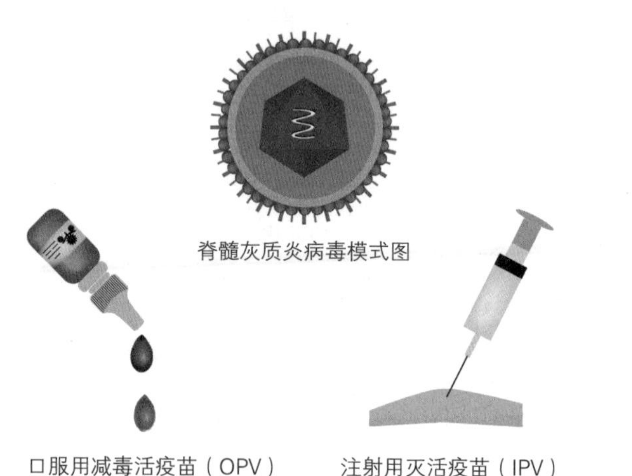

脊髓灰质炎的预防

国脊髓灰质炎年平均发病率大幅度下降，使数十万名儿童免于致残。2000 年 10 月，世界卫生组织证实，中国本土脊髓灰质炎病毒的传播已被阻断，中国成为无脊髓灰质炎国家。

现在口服脊髓灰质炎减毒活疫苗（OPV）已经被做成滴剂，以方便小月龄的婴儿口服。此外，还有安全性更高的灭活脊髓灰质炎疫苗（IPV），通过肌内注射进行免疫。现在推荐 IPV 和 OPV 联合应用进行免疫，提高安全性的同时还能达到更好的保护效果。

常见的由肠道病毒引起的疾病还包括在低龄儿童中易发的手足口病和疱疹性咽峡炎，它们不仅可以通过粪—口途径传播，还可以通过呼吸道以及接触传播。两种疾病都会出现疱疹，但是发生部位不一样。手足口病的出疹部位为手、足和臀部，口舌黏膜也会出现水疱疹，患儿有呕吐和发热现象（图 2–12）。疱疹性咽峡炎的出疹部位在咽峡部，患儿有发热、咽痛的症状。

上面介绍的几种病毒都属于肠道病毒，通过消化道感染和传播，但是引起的主要病症却在肠道外。而下面要介绍的几种急性胃肠炎病

◎ 图 2–12　手足口病的常见症状

毒则主要引起急性肠道内感染，也可以叫它们食源性病毒。

其中最常见的就是轮状病毒和诺如病毒，它们主要通过粪—口途径传播，也可以经呼吸道传播。轮状病毒是引起婴幼儿重症腹泻最常见的病原体，因其病毒颗粒在电镜下形态酷似车轮而得此名。轮状病毒腹泻多发于深秋和初冬，所以在我国也称为“秋季腹泻”。诺如病毒是除轮状病毒外，引起人类病毒性腹泻最常见的病原体。

姜老师刚说到这儿，就有同学插嘴道：“哦，对对！我看新闻里说，最近有学校因为出现了几十个腹泻、呕吐的学生停课了，查出来这些学生都是被诺如病毒感染的。”

姜老师回应道：“是的，诺如病毒传染性很强，水和食物是它主要的传播载体，诺如病毒腹泻常于秋冬季在人员聚集的幼儿园、学校、医院等场所暴发流行。

“甲型肝炎病毒（HAV）引起的甲型肝炎也主要通过粪—口途径传播。1988 年上海就曾经暴发了 30 多万人感染甲肝的重大卫生事件，原因是他们食用了被 HAV 污染的没有煮熟的毛蚶（图 2-13 左图）。”

姜老师继续说道：“说起肝炎病毒，不得不提引起乙型肝炎的病原体——乙型肝炎病毒（HBV，图 2-13 右图）。我国是乙肝的高流行区。同学们听过乙肝‘两对半’吗？”

“我在电视广告里面听过，还有什么‘小三阳’和‘大三阳’，但是都不知道是什么意思。”小磊回答道。

“这是针对 HBV 的多种抗原和抗体来说的，临床上通常检测 HBV 的抗原和抗体五项——也就是‘两对半’来诊断乙肝，即表面抗原和表面抗体，e 抗原和 e 抗体，以及核心抗体。‘大三阳’为表面抗原、表面抗体和 e 抗体三项指标阳性，‘小三阳’为表面抗原、e 抗体和核心抗体三项指标阳性，‘大三阳’患者的传染性更强。HBV 感染者的

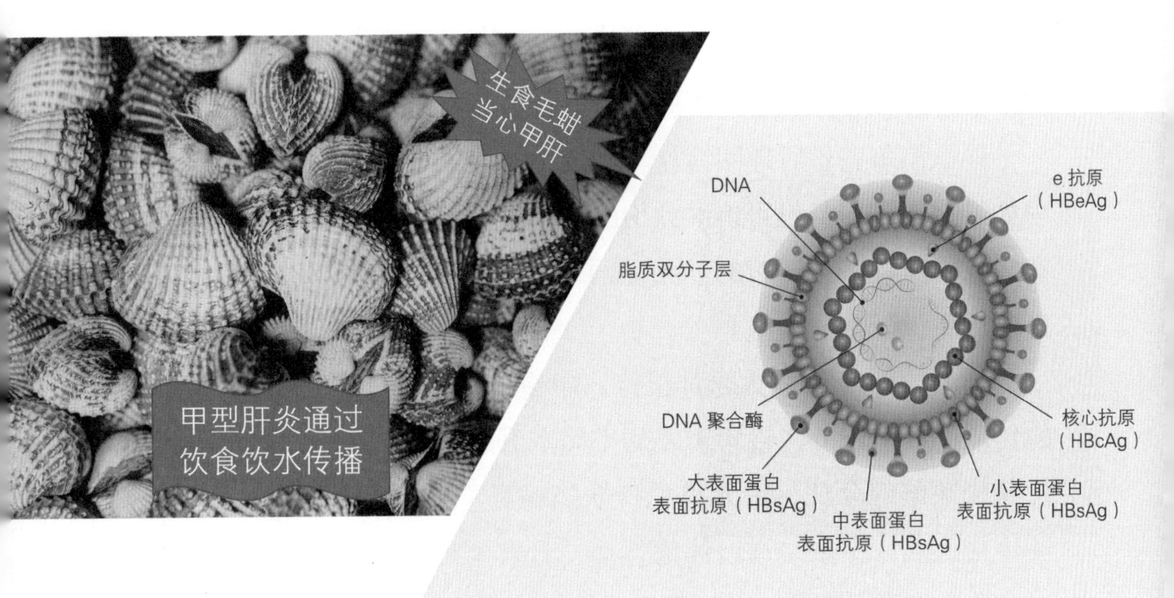

◎ 图 2-13 携带甲型肝炎病毒的毛蚶（左）和乙型肝炎病毒的结构示意图（右）

知识框 抗原和抗体

抗原是能诱发机体特异性免疫反应、具有一定化学结构的大分子物质。蛋白质、多糖、核酸等物质都可以作为抗原。抗原能与 T、B 淋巴细胞抗原受体特异性结合，刺激机体免疫系统发生适应性免疫应答（抗原的免疫原性），并能与相应免疫应答产物（抗体或致敏淋巴细胞）在体内和体外发生特异性反应（抗原的免疫反应性或抗原性）。病原微生物和大多数结构复杂的蛋白质同时具备免疫原性和免疫反应性，是完全抗原；仅具备免疫反应性而不具备免疫原性的物质为半抗原，或称为不完全抗原，如各种化学药物等小分子化合物。

抗体是由 B 淋巴细胞接受抗原刺激后增殖分化的浆细胞所产生的一类可与相应抗原发生特异性结合的球蛋白，又称为免疫球蛋白。

血液、尿液、唾液、乳汁、阴道分泌物和精液等多种体液中都带毒，同学们想想乙肝可以通过哪些途径进行传播呢？”

同学们争先恐后地回答：“可以通过血液传播，输血或者手术过程中如果操作不规范也可能导致 HBV 感染。”“妈妈生宝宝的时候，或者哺乳的时候，会把 HBV 传给孩子，也就是垂直传播。”“还可以通过性传播。”

姜老师点点头：“大家都很棒，能够通过病毒的存在部位分析疾病的传播途径。此外，近年来发病率呈上升趋势的艾滋病，也就是获得性免疫缺陷综合征，由人类免疫缺陷病毒（HIV）感染所致，是一种性传播疾病，主要是通过体液传播，日常生活接触不会感染 HIV，所以和艾滋病患者握手、拥抱都不会传染（图 2-14）。”

同学们赞同地点点头，热烈地交流讨论起来，看来微生物兴趣小组课使同学们对微生物的兴趣大涨。

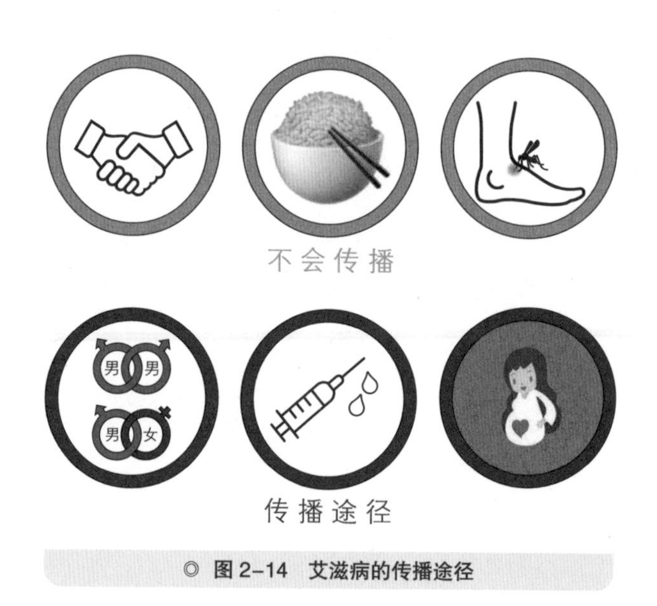

◎ 图 2-14 艾滋病的传播途径

第六节 微生物引起的疾病的治疗和预防

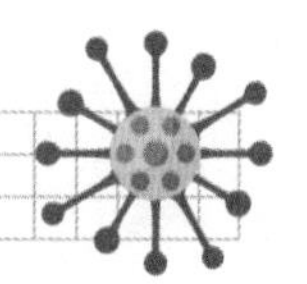

前几周的微生物兴趣小组课上，姜老师带同学们认识了很多常见的人类疾病以及微生物病原体，这节课姜老师将带大家一起了解如何治疗由微生物所引起的疾病。

姜老师首先询问了上周生病的小磊："医生开了什么药？"小磊答道："医生说我有细菌性感染，给我开了头孢克洛。"

姜老师点点头："细菌性感染需要用抗生素等抗菌药物进行治疗，可以结合药敏试验结果，选用病原菌最为敏感的抗菌药物。临床实践中，对于细菌感染引起的疾病，医生会根据临床用药经验选用治疗效果较好的药物。抗菌药物的使用，需要在医生指导下进行，如果使用不当，可能会造成很严重的后果。"

同学们一脸惊讶："会有什么严重后果呢？抗菌药物到底该吃还是不该吃呢？"

姜老师回答道："我们要根据引发感染的病原微生物的种类，合理选用药物。抗菌药物可以用于治疗细菌性感染，但不合理使用抗菌药物会破坏人体的正常菌群，造成菌群失调，引发条件致病。长期服用抗菌药物、不按照医嘱缩短服用时间或者减少用药量，都可能导致微生物出现耐药性，使治疗变得困难。关于抗菌药物的知识，在后面的课程里我们再专门进行讨论。”

抗菌药物与耐药性

抗菌药物：对细菌具有抑制或杀灭作用的药物，包括抗生素和人工合成的药物（例如，磺胺类和喹诺酮类等）。

耐药性（也叫抗药性）：在抗菌药物的作用下，部分生存下来的微生物对药物敏感性降低的现象，是微生物对药物具有的抵抗能力。

“真菌和细菌的细胞结构、生长繁殖特性不同，选用的治疗药物也不同。真菌引起的感染需要用抗真菌药物进行治疗，如两性霉素 B 和灰黄霉素，还有一些人工合成的抗真菌药物，比如酮康唑等唑类药物和氟胞嘧啶等嘧啶类药物。

“治疗病毒性感染需要用抗病毒药物。抗病毒药物的作用机制通常是抑制或者干扰病毒复制、转录和翻译等过程，例如，核苷类药物抑制病毒基因的复制与转录，酶抑制剂类药物抑制病毒复制过程中酶的活性，如逆转录酶抑制剂和蛋白酶抑制剂。2022 年上市的针对新冠病毒的治疗药物，都属于 RNA 聚合酶抑制剂，可抑制新冠病毒在人体内增殖。干扰素具有广谱抗病毒的作用，不直接杀伤病毒，而是通过与受染细胞表面的干扰素受体结合，激活信号通路，诱导细胞产

病毒的增殖和干扰素

病毒是一种细胞内寄生的微生物，自身缺乏增殖所需要的酶系统，只能在易感的活细胞内进行增殖。病毒增殖的方式是以自身的基因组作为模板，在DNA聚合酶或RNA聚合酶以及其他必要因素作用下，经过复杂的生化合成过程，复制出病毒的子代基因组，经过转录、翻译，合成大量的病毒结构蛋白，再进行组装，最后释放出子代病毒，病毒的这种增殖方式称为自我复制。

干扰素是在病毒或其他干扰素诱生剂刺激下，人或动物细胞所产生的一种分泌性糖蛋白，具有抗病毒、抗肿瘤和免疫调节等多种生物学活性。干扰素诱生剂除了病毒，还有细菌内毒素和人工合成的双链RNA等。巨噬细胞、淋巴细胞以及其他一些体细胞均可产生干扰素。

生抗病毒效应蛋白或分子，来抑制受感染的细胞内病毒蛋白质的合成，从而发挥抗病毒作用。中草药如黄芪、板蓝根和大青叶等也具有一定的抗病毒作用。”

姜老师继续说道：“刚才我们提到的都是生病之后的治疗，其实我们也可以预防微生物引起的疾病。同学们觉得我们可以通过哪些方式来预防微生物感染呢？”

同学们积极发言：“多锻炼身体，增强免疫力。”“吃的东西尽量煮熟煮透。”“打疫苗！”

姜老师说：“是的，咱们在生活中应当多注意饮食卫生以减少消化道疾病的发生，保持空气流通以减少呼吸道传染病的发生，另外就是增强机体免疫力，这些都是一般性的预防措施。特异性预防措施是接种疫苗。”

根据来源不同，疫苗分为细菌性疫苗、病毒性疫苗和类毒素疫苗。根据生产技术的不同，疫苗分为灭活疫苗（也称“死疫苗”）、减毒活疫苗（也称“活疫苗”）和基因工程疫苗等。

其中，灭活疫苗是大家熟悉的传统疫苗，它是用物理或化学的方法灭活病原微生物，破坏其感染性但保留其免疫原性而制成的生物制剂。灭活疫苗稳定性好，疫苗的成分与病原微生物的结构最接近。接种之后主要诱导抗体产生，为维持血清抗体水平，常需多次接种。减毒活疫苗是通过自然筛选或人工方法使病原微生物的毒力减弱或完全丧失后制备而成的生物制剂，相对灭活疫苗来说不易保存。减毒活疫苗接种后，病原微生物在体内增殖，接近于自然感染，免疫效果良好且持久，但病原微生物有可能恢复毒力。

疫苗为什么能够保护机体免受病原微生物入侵呢？要回答这个问题，需要先认识病原微生物入侵人体后机体的免疫过程。

人体的免疫应答包括固有免疫应答和适应性免疫应答。固有免疫应答主要由组织屏障、固有免疫细胞和固有免疫分子完成，是通过遗传先天获得的，不针对某一类特定的病原体，而是对多种病原体都有防御作用，因此又叫作非特异性免疫应答。组织屏障包括皮肤—黏膜屏障、血脑屏障和胎盘屏障；固有免疫细胞包括吞噬细胞（包括单核细胞、巨噬细胞和中性粒细胞）、自然杀伤细胞和树突状细胞等；固有免疫分子包括补体系统、炎症性细胞因子、急性期反应蛋白如C反应蛋白、溶菌酶和抗菌肽等。

固有免疫细胞、固有免疫分子与组织屏障一起共同参与固有免疫应答。当病原微生物侵入机体时，固有免疫应答迅速被激活，直接清除病原体。然而，固有免疫应答虽然反应迅速，但针对性不够强，不能差别对待不同的病原微生物；维持时间短且不能形成免疫记忆。当固有免疫应答不能完全清除入侵的病原微生物时，机体就会启动适应性免疫应答。

适应性免疫应答是后天获得的，也称获得性免疫应答，由于具有高度的特异性，又称特异性免疫应答，T 细胞（介导细胞免疫应答）和 B 细胞（介导体液免疫应答）参与其中。T 细胞在特异性识别抗原——侵入机体的病原微生物后，活化、增殖、分化为效应 T 细胞，效应 T 细胞分泌多种免疫效应分子（如各种细胞因子）。B 细胞在识别侵入机体的病原微生物后，活化、增殖、分化为浆细胞，浆细胞产生并分泌相应的抗体，与效应 T 细胞共同发挥作用清除入侵的病原微生物，维持机体正常的生理状态。

一部分接受抗原刺激而活化的 T 细胞或 B 细胞可中止分化，转变为长寿的记忆细胞。记忆细胞再次接触同一抗原后，可迅速增殖分化为效应 T 细胞或浆细胞，产生免疫效应。病原微生物第一次入侵我们的身体，机体会产生特异性免疫，一般需要 1—2 周的时间。但如果已经产生了记忆，相同的病原微生物再一次入侵，机体产生特异性免疫的时间只需要 2—3 天。

正如前面所述，疫苗由灭活的、减毒的病原微生物，或者维持其抗原性的结构成分制备而来，疫苗注射入身体之后，类似于病原微生物的感染过程，但又有别于真正的感染，机体会发生免疫反应，同时也会产生记忆 T 细胞和记忆 B 细胞。下一次出现真正的病原微生物感染时，我们的身体就会快速作出反应，在病原微生物发挥致病作用之前就将其消灭，保护机体免受伤害。

那么，注射了疫苗之后就一定不会被相应的病原微生物感染了吗？很遗憾，答案是否定的。

首先，如果微生物本身发生了变异，即使之前已注射了相应的疫苗产生了记忆细胞及抗体，再次感染该病原微生物的变异种时，可能出现记忆细胞及抗体无法识别变异抗原的现象，机体也会出现感染。

其次，如果机体本身有遗传性的免疫功能缺陷，免疫器官先天发育不足，免疫细胞的功能受到限制，注射疫苗后就无法建立有效的免疫保护。如果在接种疫苗前长期服用抑制免疫功能的激素类药物，也会造成免疫失败。

再次，是疫苗本身出了问题。如果疫苗过期或者保存不当（如受高温或紫外线照射造成蛋白质变性）会直接导致其丧失免疫原性，从而无法产生后续一系列免疫过程。此外，还有可能由于疫苗本身抗原含量不足，或者接种剂量不足，导致机体免疫失败。

最后，在接种疫苗的时候，还要避免不同疫苗之间出现干扰现象而引起免疫效果降低，一般不同疫苗的接种需要间隔两周的时间。

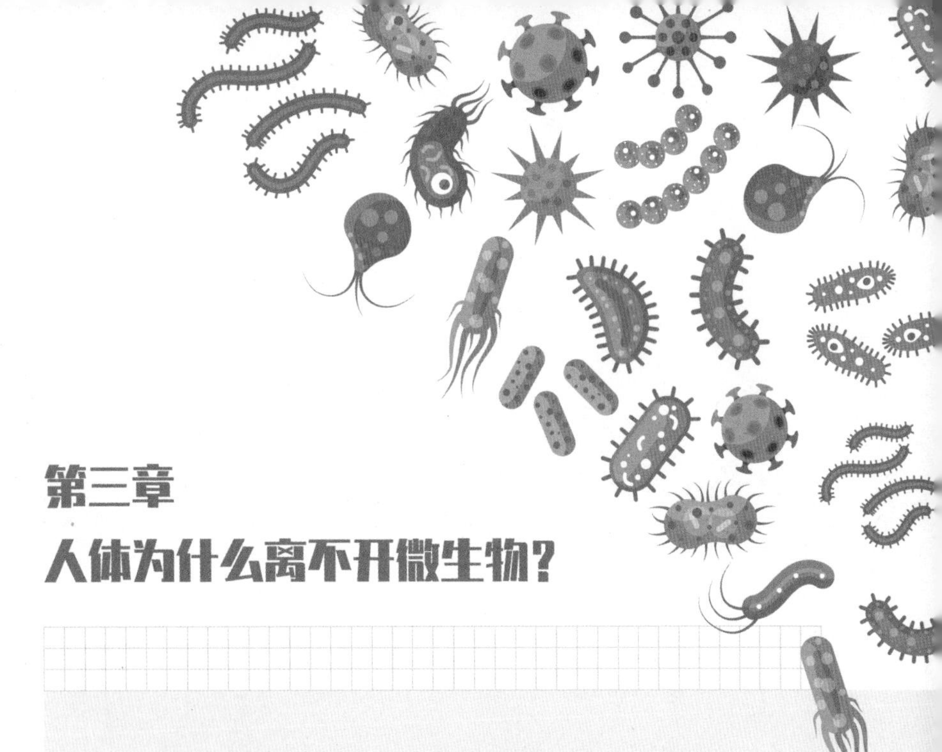

第三章
人体为什么离不开微生物？

你和你的同学是否曾受到青春痘的困扰？青春痘和我们身体生长发育、激素水平变化有关，也与皮肤表面的微生物有关。

同时我们的肠道中也生活着数百种微生物，帮助我们消化食物、维护健康。

本章主要介绍人体皮肤上的微生物和肠道里的微生物，这些微生物和我们朝夕相处，与我们的健康息息相关。

第一节 人体微生物概述

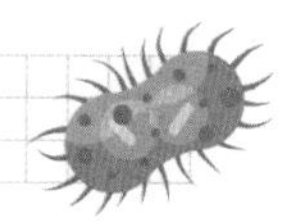

我们每个人都离不开微生物。人体是一个开放系统，我们的身体通过呼吸、饮食、排泄与外界环境进行物质和能量交流。我们的身体内外遍布微生物。皮肤上有微生物，口腔里有微生物，呼吸道里有微生物，生殖道里也有微生物，消化道特别是肠道里也有微生物。事实上，肠道是微生物种类和数量分布最为集中的地方。人体全部微生物的总和，称为“人体微生物组”；人体微生物组包括肠道微生物组、皮肤微生物组、口腔微生物组、生殖道微生物组、呼吸道微生物组等。

“微生物组”一词是由 microbiome 翻译而来，也可以理解为“微生物”加“组”合成而来，指的是一群互相有关联的微生物组合而成的群体。从微生物到微生物组，微生物学的发展发生了较大的变化，实现了跨越：第一，研究对象更加复杂。微生物组由多个（种）微生物组成，微生物组研究不仅需要弄清楚微生物的种类和每种微生物的功能，还需要知道这些微生物是如何相互作用的。第二，微生物组研究更加关注互作网络，除了微生物间的相互作用，微生物是如何与宿主或者环境相互作用的，作用的机制是什么？人类如何能干预和调控微生物组及其互作，并利用微生物为人类服务？第三，微生物组研究具有显著的大数据驱动、学科交叉和颠覆以前认知等特点，在工农业生产、医药健康、生态环境保护等领域，具有产生颠覆性技术的特征，并必将在未来产业结构调整中发挥重要作用。本章主要介绍皮肤微生物和肠道微生物。

第二节 皮肤微生物

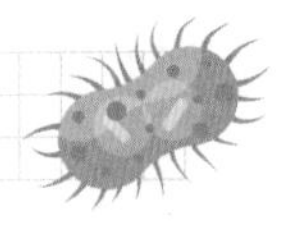

晓明同学这几天很苦恼，脸上长出来一个个小痘痘，又红又肿，又痒又疼，而且呈现“野火烧不尽，春风吹又生”之势。

微生物兴趣小组课还没有开始，看到姜老师来到教室，晓明就急着问：“姜老师，我的脸上为什么长了这么多小痘痘啊？”

“这叫青春痘，看来你长大啦！”姜老师一边开玩笑一边解释，“长青春痘是身体生长发育过程中的一个正常现象，有很多人会有这个经历，不用着急，也不用害怕。要记住，痒的时候不要抓挠，也不要挤痘痘，防止皮肤破了被细菌感染、长大后脸上留下疤痕。如果觉得需要帮助，可以去医院找医生。平时尽量吃些清淡而又有营养的健康食物，生活作息要规律，这样可以减少青春痘的出现、缓解青春痘的症状。

“青春痘和我们身体生长发育、激素水平变化有关，也与微生物有关，特别是与一种叫痤疮丙酸杆菌的微生物有关。除引发皮肤不良

青春痘

青春痘又称痤疮，多发生在青少年时期，具体发痘时间因人而异。青春痘的发生，主要与皮脂分泌过多、细菌感染以及炎症等密切相关，还与饮食结构、生活习惯以及环境等因素有关。进入青春期后，雄性激素尤其是睾酮水平迅速升高，这会促进皮脂腺活跃，然后产生大量皮脂。如果毛囊皮脂腺管角质化异常引起导管阻塞，导致皮脂排出障碍，出现角质层血栓，就是痤疮。

青春痘的发生与微生物有关，痤疮丙酸杆菌是引发青春痘的主要细菌。毛囊中存在许多微生物，有些微生物过量繁殖，特别是痤疮丙酸杆菌大量繁殖，并侵入皮脂腺，痤疮丙酸杆菌能产生一种小分子多肽，吸引吞噬细胞至细菌寄生部位，并释放水解酶和多种炎性介质，诱导局部产生炎症反应，最终破坏皮脂腺，就会形成痤疮。

痤疮丙酸杆菌

痤疮丙酸杆菌拉丁学名 *Propionibacterium acnes*，是丙酸杆菌属的一个种，因发酵葡萄糖产生丙酸而命名，为革兰氏阳性杆菌，棒状或略弯曲，染色不均。常呈X、Y和V形排列，在陈旧培养物中常呈长丝状，有高度多形性。痤疮丙酸杆菌厌氧或兼性厌氧，在30—37℃、pH7.0的环境下可迅速生长。痤疮丙酸杆菌主要寄居于人和动物的皮肤、皮脂腺、肠道中，通常不引起疾病。但是，当毛孔被堵塞时，它们就会疯狂生长，产生大量的游离脂肪酸，这些脂肪酸引起皮肤应激反应，产生粉刺、红肿等。红霉素、头孢类抗生素、克林霉素、甲硝唑、过氧化苯甲酰等抗菌药物可杀死痤疮丙酸杆菌。

反应和皮肤病的少数微生物外，我们的皮肤上居住着大量的正常微生物，它们与皮肤的上皮细胞一起，构成一道屏障，防止病原微生物侵染身体，这就是今天我们微生物兴趣小组课上要讨论的话题。同学们，我们上课啦。”

◎ 图 3-1　手掌表面微生物的菌落

姜老师走到讲台前，打开电脑，从投影仪上投放出一张图片，姜老师解释说：“这是手掌表面微生物的菌落（图 3-1）。我们皮肤表面的各个部分都有微生物。这些微生物与人体表皮和分泌物共同组成皮肤微生态系统。”

人类皮肤微生物可以分为常驻菌群和暂驻菌群，常驻菌群是由长期与健康皮肤共生的微生物组成的群落，包括葡萄球菌、棒状杆菌、丙酸杆菌等；暂驻菌群是指通过接触外界环境而获得的一类微生物，包括金黄色葡萄球菌、肠球菌等，它们是引起皮肤感染的主要病原菌。

皮肤微生物组成受年龄、性别等因素的影响；同时，皮肤菌群在人体不同部位的丰度和构成差异也很大，这主要与皮脂腺的分布及皮肤湿度等密切相关。皮肤油脂分泌旺盛部位（如前额）的菌群以丙酸杆菌属为主，潮湿部位（如肘窝）以棒状杆菌属和葡萄球菌属为主，干性部位（如前臂掌侧等）则菌群种属多样。

皮肤上微生物的数量还和我们的生活习惯有关，保持良好的卫生习惯，有助于维护健康的皮肤微生态。如果遇到特殊事件或者时期，例如像新型冠状病毒感染流行这种情况，我们就需要加强卫生，特别是要保持手的卫生，手掌上的微生物，多数来自手接触的外部环境，是暂驻菌，由于外部环境中可能存在潜在的致病微生物，所以，我们要保持经常洗手的习惯，清除手掌表面可能存在的致病微生物。

这节课的最后，姜老师给同学们布置了一个有趣的课外活动：每个人检测一下自己的手掌、脚掌和额头上都有哪些微生物。

实验名称：探秘皮肤表面的微生物

实验目的：通过平板培养的方法检测手掌、额头上的微生物。

实验设备和材料：超净工作台，培养箱，消毒酒精湿巾，消毒棉签，琼脂固体培养基培养皿。

实验步骤

1. 实验前的准备

a. 用酒精湿巾擦拭超净工作台的台面进行消毒；

b. 准备已灭菌的琼脂固体培养基培养皿。

2. 实验操作

a. 用消毒棉签分别在额头、手掌表面轻轻擦拭，采集皮肤表面的微生物样本；

b. 在超净工作台中，将采集了样本的棉签在灭菌后的琼脂固体培养基表面均匀涂抹；

C. 将培养皿放入培养箱中，在37℃条件下培养24—48小时。

3. 结果观察

a. 观察培养皿上的微生物生长情况，记录不同种类的菌落形态和颜色；

b. 对于感兴趣的微生物，可以进一步进行观察及菌株的鉴定和分类。

第三节　肠道微生物

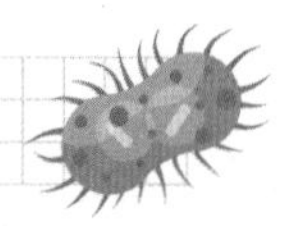

人体与环境直接接触的界面有两个，一个是皮肤与外环境之间的界面，姜老师上节课介绍了皮肤微生物；另一个是消化道内表面与流过的食物或者消化道内容物之间的界面，这个界面上存在更多的微生物，特别是消化道的肠道部分。

肠道内表面的面积很大，一个成年人的肠道完全展开，面积差不多有 400 平方米，接近一个篮球场的大小。肠道中生活着大量的微生物，主要是细菌，一个健康成年人的肠道中有 200—500 种微生物，有约 10^{14} 个微生物细胞，微生物细胞数量是人体细胞数量的 10—100 倍（人体细胞有 40 万亿—60 万亿个）；我们每个人的体细胞中大约有 2 万个基因，而每个人的肠道微生物中有 400 万—500 万个基因。

在健康人体内，肠道微生物与人体细胞和平相处、互惠互利，我们把这种状况称为“肠稳态”或者“肠道微生态平衡”。肠道微生物通过对食物组分例如碳水化合物、膳食纤维、蛋白质等进行分解，可以产生小分子有机酸，例如乙酸、丙酸、丁酸、乳酸、琥珀酸等，这些小分子有机酸可以供给肠上皮细胞作为能量来源；有些肠道微生物还可以产生 B 族维生素等人体必需维生素；许多肠道微生物可以转化胆汁酸，调节人体代谢过程、免疫和炎症反应等。肠道微生物细胞的一些组分，例如胞外多糖、脂多糖、脂蛋白、细胞壁等，能够刺激和训练人体的免疫系统。这就好比部队的军事训练，一旦遇到外来致病微生物的入侵，这些受过训练的免疫细胞就会马上投入战斗，帮助我们的身体抵抗病原微生物。

肠道微生物具有丰富的多样性，有一些肠道微生物是兼性厌氧微生物，这些微生物可以在肠道外生存，最为普遍的是大肠埃希氏菌（简称大肠杆菌），但多数是严格厌氧细菌，离开肠道环境特别是暴露在空气中后，它们会很快死亡，因此，人类对这类微生物的认知也很少。

中国科学院微生物研究所的科学家们致力于研究如何培养这些特别的肠道微生物，2021 年分离出了来源于健康人肠道的 400 多种微生物，建成了中华健康人群肠道微生物菌株库，命名了 100 多种新的微生物，包括许多用中国古代著名医学家名字命名的细菌，例如扁鹊菌、葛洪菌、孙思邈菌，也有用近代生物学家名字命名的肠道菌，例如汤飞凡菌、赵国屏菌等，还有用中国神话中的人物命名的，如嫦娥菌、洛神菌等。

最令科学家们着迷的是：这些肠道微生物发挥着什么作用？它们如何影响人体健康甚至是人类的行为？这些问题，还都是谜，需要科学家们进行研究。一些研究表明，肠道微生物与人的胖瘦有关。有一种肠道微生物叫小克里斯藤森菌（图 3–2），科学家发现它与人的身体质量指数（BMI）密切相关，这种菌丰度高的人，常常体重正常，

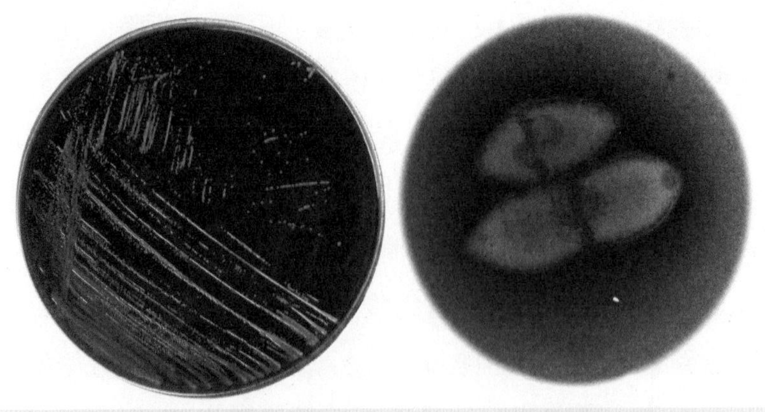

◎ 图 3-2 小克里斯滕森菌的菌落（左）和细胞形态（右）

知识框 身体质量指数（BMI）

身体质量指数（Body Mass Index，BMI），简称体质指数，是国际上常用的衡量人体胖瘦程度以及是否健康的一个标准。计算公式为体重（千克）除以身高（米）的平方。一般 BMI 的正常值在 18.5 至 23.9，超过 23.9 为超重，27.9 以上则属肥胖。不同地域的人 BMI 的正常值范围有所差异。

而身体肥胖、代谢异常的人，这种菌的丰度通常较低。研究还发现，如果给食用高脂肪饲料的模式动物（例如实验小鼠）补充这种菌，就能够降低实验动物的血糖和血脂。小克里斯藤森菌隶属厚壁菌门、梭菌目、克里斯藤森菌科、克里斯藤森菌属。小克里斯藤森菌是日本科学家 2012 年从健康人体内分离出来的一种肠道细菌，具有严格厌氧、不形成芽孢、革兰氏染色阴性等特点，细胞呈短杆状，能够发酵多种碳水化合物，产生乙酸和丁酸。

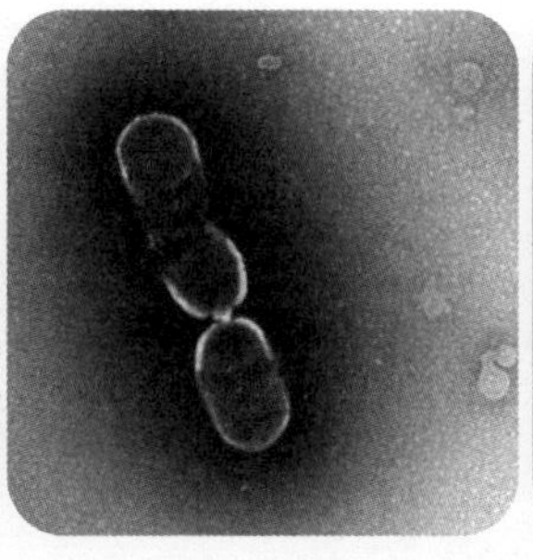
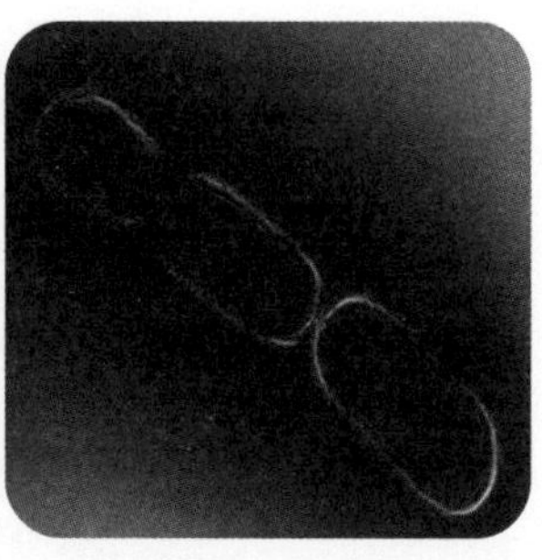

◎ 图 3–3　嗜黏蛋白阿克曼菌
（左一为生长在固体培养基上的菌落；中间和右一为电子显微镜下的细胞形态）

还有一种肠道菌——嗜黏蛋白阿克曼菌（图 3–3），也能够影响人体的代谢。嗜黏蛋白阿克曼菌是一种黏蛋白分解细菌，它栖息在人类和许多其他动物的肠道中，由达里恩于 2004 年分离并命名；该菌细胞为卵圆形、革兰氏染色阴性，专性厌氧。系统发育分析显示该菌隶属疣微菌门、疣微菌目、阿克曼菌科、阿克曼菌属。嗜黏蛋白阿克曼菌能以肠上皮表面的肠黏液作为其唯一的碳源、氮源和能源进行生长。研究发现，在患有 2 型糖尿病、肥胖症、高血压、心血管疾病等疾病人群的肠道中，嗜黏蛋白阿克曼菌丰度下降，而在长寿老人和健康人群中，嗜黏蛋白阿克曼菌丰度维持在较高的水平。许多证据表明，嗜黏蛋白阿克曼菌不仅可以保护肠道上皮细胞及黏液层的完整性，发挥代谢保护作用，还能在炎症反应过程中通过调节性 T 细胞、内源性大麻素系统以及非经典 Toll–like 受体发挥抗炎作用。

与小克里斯藤森菌和嗜黏蛋白阿克曼菌类似的肠道微生物还有很多种，它们非常有希望成为待开发的下一代益生菌。科学家们特别是健康管理专家们，正在深入研究和评估这些肠道微生物与人体互作的机制以及它们的应用潜力。相信在不久的将来，健康管理将会有新的方法和措施，或者说，未来的健康管理，除了关注人体（细胞）本身的需求，还会关注、管控和调理肠道里的微生物菌群，让菌群与人体实现更好的微生态平衡，真正实现“治未病”。

知识框　中华健康人群肠道微生物菌株库

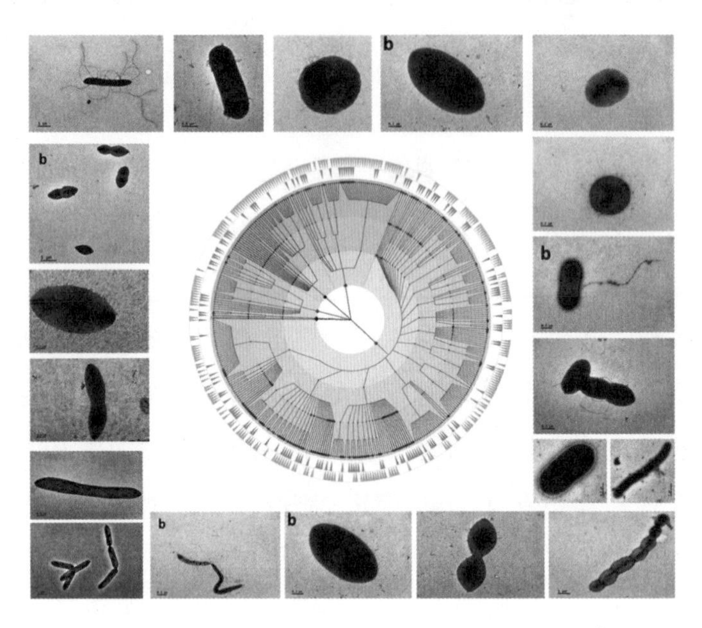

中华健康人群肠道微生物菌株库包括400多个物种，其中有102个物种为首次分离、培养和鉴定，1170株代表性菌株保存在中国普通微生物菌种保藏中心，为研究肠道菌与人体互作机制和肠道微生物的开发利用打下了资源基础。

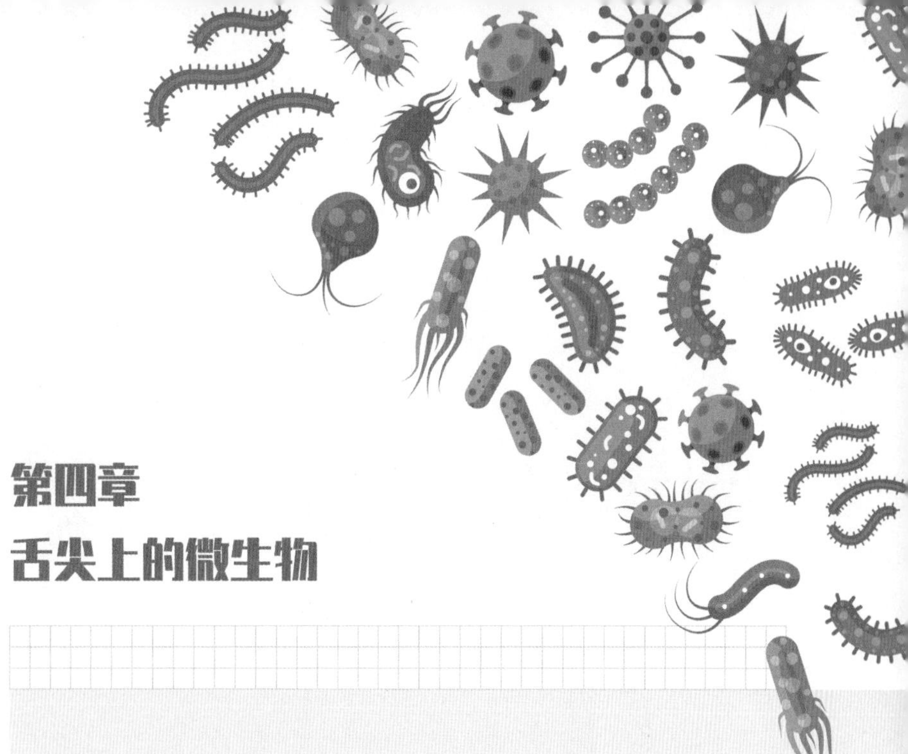

第四章
舌尖上的微生物

微生物影响着人类生活的方方面面。啤酒和果酒等酒精饮料，酸奶和奶酪等乳制品，腐乳和豆豉等豆制品，泡菜等发酵蔬菜，馒头和面包等主食，以及醋、酱油、味精等调味品，全都经过了微生物的发酵。谈及啤酒、酱油和醋，你是否立刻想起溢出酒杯的雪白泡沫以及咸香和酸味？说到面包和酸奶，你是否不由得口舌生津、浮想联翩？事实上，人们尝到的味道、闻到的气味、看到的色彩，很多都有着微生物的功劳。

本章从啤酒酵母的驯化谈起，依次介绍微生物在不同发酵食品制作中的重要作用，在第五节中介绍了生动有趣的酸奶制作实验。本章基本知识包括什么是发酵食品、发酵微生物有哪些、常见发酵食品的发酵原理及生产工艺。

第一节 啤酒酵母驯化史

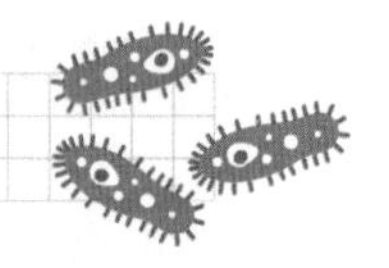

适逢元旦假期，姜老师邀请微生物兴趣小组的同学到自助餐厅庆祝新年。餐厅里的午餐十分丰盛，品类五花八门，来到这里的人们无不兴高采烈，在互相交谈中还忘不了瞄一眼琳琅满目的食物，准备大快朵颐。

饮料区摆放着几只高大的木桶，食客们拧开底部的龙头，淡黄色的啤酒汩汩流出，灌满了一大玻璃杯，杯的上部，还顶着白花花的泡沫，引得许多男同学驻足观看。

姜老师轻轻拍了一下一位男同学的肩膀，说："你还不到享用酒精饮料的法定年龄呢！"并趁机问道："同学们知道酒是谁发明的吗？又是从什么东西转化而来的呢？"

佳佳答道："传说是杜康发明了酒？"

"世界上的第一杯酒为何人所造已经无法考证，但真正的'酿酒师'乃是微生物，这是毋庸置疑的。"姜老师微笑着指着酒桶，继续

◎ 图 4-1　啤酒酵母干粉与酿酒酵母电镜照片
（中国海洋大学 刘光磊摄）

说，“比如说，啤酒就是由一种叫‘啤酒酵母’（图 4-1 左图）的微生物酿造出来的。”

人类早在新石器时期就开始种植大麦，直到发酵大麦的酿酒酵母（图 4-1 右图）被驯化后，才使人类从“吃大麦”迈进了“喝大麦”的时代，而啤酒酵母的驯化历程甚至可以写成一本《驯化微生物史记》。简单地说，自远古时代起，人类就开始利用酵母进行粮食发酵，然而将酵母用于酿酒才不过几千年。据说，美索不达米亚地区的苏美尔人，利用大麦芽酿制成了原始的啤酒。根据科学家最近的考证，啤酒酵母最早起源于我国西藏地区。同时，科学家们推测，在极其漫长的历史进程中，啤酒随着东西方文明的碰撞与融合，沿着丝绸之路传播到了世界各地。不过，当时的人们可能还不知道啤酒是由微生物发酵产生的。

小磊问：“什么时候人类才发现了酿酒的真相呢？”

姜老师说：“直到 17 世纪显微镜被发明与使用，人类才开始在微观层面认识啤酒酵母，这为人类打开了一个新的世界。”

在过去几千年中，啤酒酵母经历着缓慢但持久的驯化。较早用于生产啤酒的是艾尔酵母，也就是大名鼎鼎的酿酒酵母。酿酒酵母也被称为面包酵母，在食品和饮料发酵方面有着悠久的全球应用历史，不仅啤酒发酵用到它，红酒、面包等食品的发酵生产也都离不开它。研究表明，酿酒酵母驯化种群的起源中心可能就在我国及其他亚洲远东地区，酵母菌对生态环境以及麦芽糖发酵应用条件的适应是物种进化的主要驱动力。

15 世纪哥伦布发现新大陆时，无意间带回来一株野生酵母——贝型酵母。这株野生酵母与当时的艾尔酵母杂交后产生了新的品种，经驯化后成为至今享誉全球的“拉格酵母”（也称“巴氏酵母”）。

知识框　艾尔酵母与拉格酵母

艾尔酵母发酵的适宜温度是 15—25℃，这也是大部分微生物进行正常生理代谢的条件。艾尔酵母的繁殖和代谢速度很快，不仅可以快速分解谷物中的麦芽糖，还会产生多种次生代谢产物，极大影响啤酒的风味。所以，艾尔酵母品系的啤酒包括很多种口味。然而，艾尔酵母一般会浮在麦芽汁的表面，这会增加工业生产的成本。

拉格酵母的适宜发酵温度比艾尔酵母要低，为 7—15℃，在低温条件下麦芽糖的分解效率低，次生代谢的产物也会少很多，所以拉格啤酒主要是大麦或小麦原味。然而，由于拉格酵母会沉到发酵桶的桶底，更适合工业化生产，因此这种酵母逐渐取代艾尔酵母成为啤酒生产的主力军。

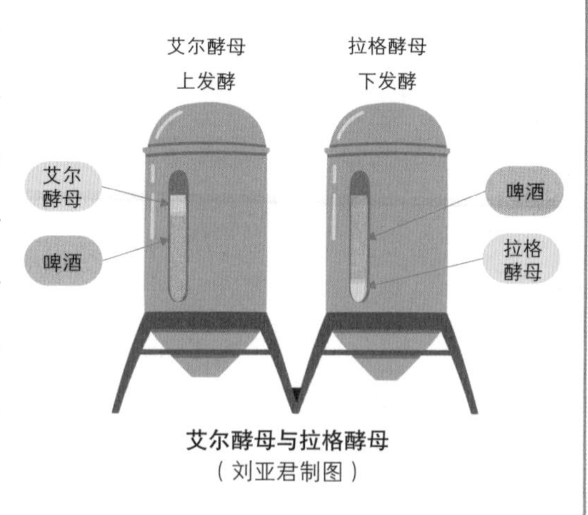

艾尔酵母与拉格酵母
（刘亚君制图）

事实上，目前啤酒品系的分类也是根据它们的“酿造师”——艾尔酵母和拉格酵母来区分的。

啤酒中除了含有乙醇，还有酵母发酵过程中将麦芽糖分解转化或者代谢产生的各种风味物质，包括氨基酸、维生素等，而各种酯类物质则是啤酒重要的果味来源。酵母产生的风味物质也并不都是令人愉悦的，例如，最为人类熟知的影响啤酒风味的次级代谢产物双乙酰（2,3- 丁二酮）被认为是衡量啤酒成熟与否的关键性指标，而当双乙酰含量过高时，会使啤酒产生馊饭味，严重影响啤酒的质量和口感。

科学家的研究表明，在驯化过程中，啤酒酵母大大提高了对麦芽糖的利用能力，但它也同时付出了沉重的代价：当今生产使用的啤酒酵母菌株在自然条件下的存活能力和有性繁殖能力都下降了。总体看来，啤酒酵母是牺牲了自我，造福了人类。

小磊问：“啤酒酵母是如何把大麦转化成啤酒的呢？”

姜老师解释说：“啤酒酵母是一种兼性厌氧微生物，在有氧气的环境下进行有氧呼吸，分解葡萄糖产生二氧化碳和水，而在没有氧气的环境下进行无氧呼吸，分解葡萄糖产生二氧化碳和乙醇。

“具体来讲，酵母菌的无氧代谢分为两个阶段：第一阶段是糖酵解（图 4–2），将一分子葡萄糖分解为两分子的丙酮酸；第二阶段是乙醇发酵（图 4–2），利用丙酮酸脱羧酶催化丙酮酸的氧化脱羧反应，生成乙醛和二氧化碳，乙醛在乙醇脱氢酶的作用下，被还原型辅酶 I 还原为乙醇。”

小磊一副不解的表情，问道：“酒精不是可以消毒杀菌吗？酵母也是一种微生物，它不怕吗？”

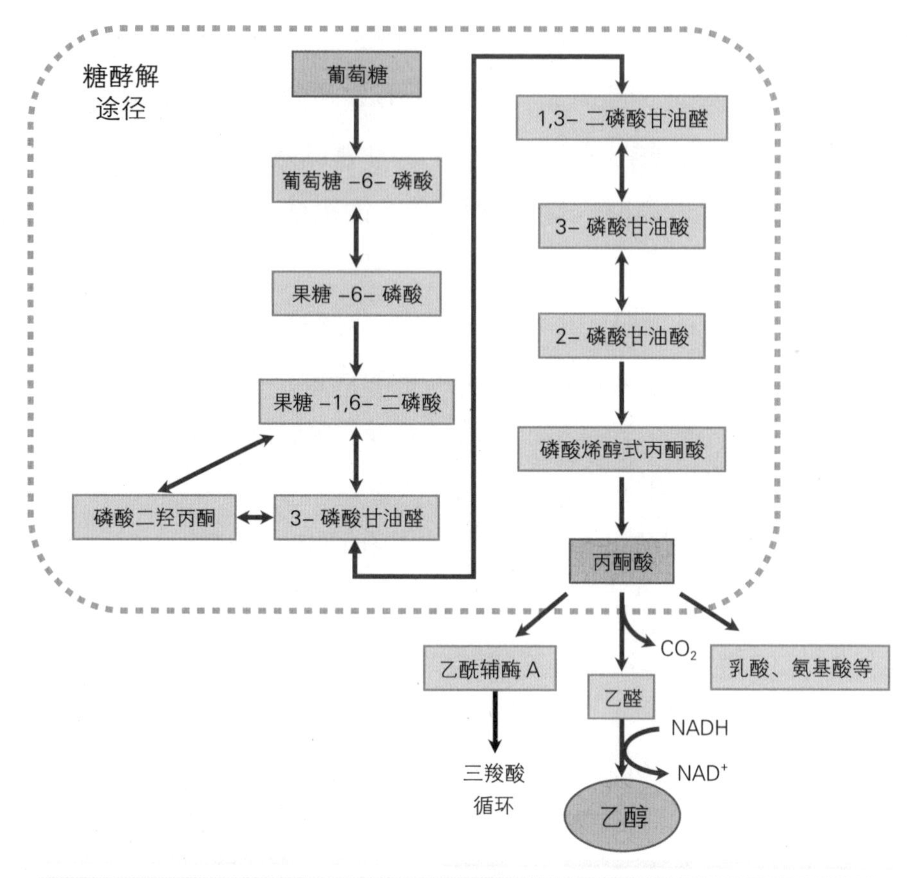

◎ 图 4-2 糖酵解和乙醇发酵
（刘亚君制图）

姜老师说："酵母菌在无氧环境下，通过产生酒精抑制其他微生物生长。有意思的是，酵母菌自身对酒精的耐受度较高，可以在这种环境中存活。与众多酵母菌不同，啤酒酵母不仅可以制造酒精，还能以酒精作为能量来源，秘密就在于乙醇脱氢酶Ⅰ和乙醇脱氢酶Ⅱ。从葡萄糖被酵母'吃掉'开始，前后经历了'葡萄糖→丙酮酸→乙醛→乙醇'三次大变身。其中乙醇脱氢酶Ⅰ催化了乙醛转化为乙醇的关键步骤。利用这一代谢途径，人类驯化酵母来高效地生产酒精。除此之外，在糖浓度较低的发酵液中，啤酒酵母还能利用乙醇脱氢酶Ⅱ将乙醇再转化回乙醛。在此过程中啤酒酵母利用乙醇作为能源，这在酵母中是独一无二的。

"现代科技使人类对酵母的驯化进入了新的阶段。乙醛这种物质是啤酒中的重要风味来源，较低含量的乙醛（2—5 mg/L）使啤酒具有芳香味，而含量高于 10 mg/L 后容易产生腐烂青草味。通过遗传改造得到的抗乙醛酿酒酵母，合理调节了乙醇脱氢酶Ⅰ和乙醇脱氢酶Ⅱ这两个基因的表达，可以在保持啤酒特有风味的基础上为人类生产出低乙醛啤酒。"

姜老师补充道："相比啤酒的纯种发酵，葡萄酒和白酒发酵用的都不是单一的菌种。葡萄酒发酵用的是酵母菌群，而白酒发酵所用的酒曲由霉菌、细菌和酵母菌等多种微生物组成。虽然不同酒精饮料在发酵工艺上有很大差别，但酒精生产的实质都是微生物对碳源的发酵转化。"

好氧微生物和厌氧微生物

按照微生物与氧气浓度的关系，可将其大致分为好氧微生物和厌氧微生物两大类，进一步又可细分为五类：

- **专性好氧菌**

必须在氧气浓度接近空气中氧分子浓度（空气中氧气含量约为21%）的条件下才能进行生长，生活在物体表面、细胞直接暴露在空气中的绝大多数真菌和多数细菌、放线菌，都是专性好氧菌。

- **微好氧菌**

这类微生物只能在氧气浓度远远低于空气中氧分子浓度的条件下才能正常生长，如霍乱弧菌等。

- **兼性厌氧菌**

也称兼性好氧菌，以在有氧条件下生长为主，也可兼在无氧条件下生长。许多酵母菌都是兼性厌氧菌。

- **耐氧菌**

这类微生物的生长不需要氧分子，但氧分子对它们也无害，乳酸菌属多为耐氧菌。

- **专性厌氧菌**

对于这种微生物来说，其生命活动所需能量都要通过发酵和无氧呼吸等方式提供，短期内接触氧分子也会抑制其活性甚至致死，常见的厌氧菌有双歧杆菌等。

第二节 醋坛子里的秘密

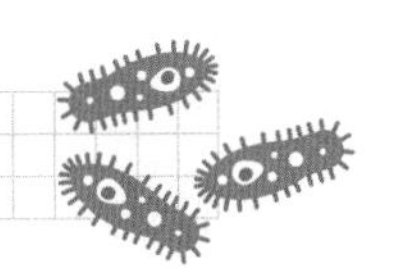

凌凌同学端来了一份三鲜馅饺子，蘸着酸溜溜的醋吃得津津有味。

姜老师看到了，笑着说："大家知不知道，除了酒，醋其实也是微生物发酵产生的。食醋也是人类最早酿造的食品之一。我国周代就有酿醋的记载，可谓历史悠久。"

凌凌塞了满嘴的饺子，含糊不清地问："酿醋的步骤也和酿酒一样吗？"

姜老师微笑着说："慢慢吃，嘴里没有东西了再说话。"接着解释道："和酒一样，醋也是以粮食为原料，经过微生物制曲、糖化、发酵等阶段酿制而成的。酿醋所需的大曲包含根霉、毛霉、曲霉和酵母等多种微生物。首先要利用这些微生物分泌的淀粉酶把粮食中的淀粉转变为可发酵性的糖，再靠性能优良的酵母菌将糖发酵为酒精，也就是酒精发酵的步骤。在这一步，工厂中主要采用活性干酵母，使用前将干酵母进行活化和扩大培养，制成酒母后就可以使用了。”

喜欢说话的凌凌同学赶紧把饺子咽下去，忙不迭地说：“这——这不就是酿酒吗？”

姜老师接着讲：“别急呀，酒精发酵后边还有一步叫‘醋酸发酵’，这一步也是整个过程的关键，起作用的微生物主角就是醋酸菌，它将酒精转化为醋酸。有人戏称，‘醋是酒的儿子’或‘酒醋不分家’，就是这个道理。

“相传，香醋是酒圣杜康的儿子黑塔发明的。黑塔跟父亲学造酒，一次往缸内酒糟里加了几桶水，后来发现水变得黝黑、透明。用手指蘸了尝了尝，香酸微甜，于是就有了醋这种有名的调味琼浆。山西陈醋、镇江香醋、保宁醋、永春老醋名扬四海，并称‘中国四大名醋’。”

课后，同学们找来了各种品牌的醋——山西陈醋、上海米醋、

醋酸菌

醋酸菌属醋酸杆菌属，是重要的工业用菌之一。醋酸菌的细胞为椭圆至杆状；单个、成对或成链；周生或端生鞭毛；运动或不运动；革兰氏染色阴性。醋酸菌是专性好氧菌，可氧化各种有机物，产生有机酸及其他代谢产物。

醋酸杆菌属细菌的重要特征是能将乙醇氧化成醋酸，并可将醋酸和乳酸氧化成 CO_2 和 H_2O。

乙醇氧化成醋酸的化学反应简式：

$$CH_3CH_2OH+O_2 \xrightarrow{\text{酶}} CH_3COOH+H_2O$$

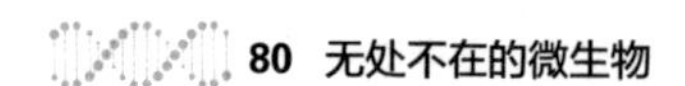

福建红曲醋、镇江香醋，琳琅满目，大家展开了别开生面的品醋大会。

小磊问：“制醋用的醋酸菌是从哪里来的呢？”

姜老师说：“以前主要是靠空气中或者麸曲上自然附着的醋酸菌，但是这些来源的醋酸菌存在生产周期长、产品质量不稳定的缺陷。目前的食醋生产基本都采用人工培养的醋酸菌，例如中国科学院微生物研究所研发的‘1.41 号’醋酸菌。醋厂对于醋酸菌的选用有着严格的标准，要求醋酸菌氧化酒精速度快、耐酸性强、不分解醋酸制品、产品风味良好。”

又有同学提问：“现在超市里卖的苹果醋（图 4–3）等果醋，是用水果酿制的吗？”

姜老师说：“是的，果醋是以水果或者果品加工下脚料为主要原料、经过发酵制成的。果醋与传统的食醋相比，在口感上、营养上

◎ 图 4–3 苹果醋

都更好，并且水果中的维生素、矿物质、氨基酸等营养成分也保留在了果醋中。所以，现在越来越多的人喜欢食用果醋。果醋发酵的主要菌种也是醋酸菌，我国果醋发酵常用菌株之一是恶臭醋杆菌，可不要被它的名字所误导，它酿出来的醋绝对风味十足。”

第三节　酱油的色、香、味都来自哪儿?

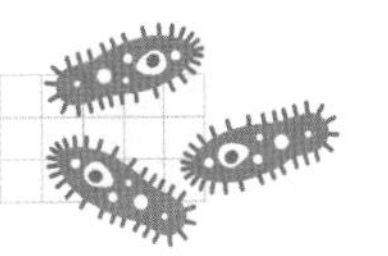

"如果醋是微生物发酵产生的，那么酱油呢？也是微生物的杰作吗？"佳佳问道。

姜老师赞许地说："猜得没错，微生物以大豆、小麦为主要原料，对其中的淀粉和蛋白质进行发酵，就产生了酱油。后来，科学家发现，大豆中的脂肪对于酱油发酵是没有用的，因此，为了合理利用资源，现在普遍采用脱脂大豆作为主要的蛋白质原料来酿造酱油。"

在酱油的发酵过程中主要涉及三类微生物——米曲霉、酵母菌和细菌，它们共同作用引发了一系列的生物化学变化，最终把大豆等粮食转化为酱油的成分。

米曲霉（图 4–4）是曲霉属真菌中的一个常见种，主要通过产生蛋白酶和淀粉酶将蛋白质和淀粉分解为氨基酸和糖。此外，米曲霉还能产生糖化酶、纤维素酶、植酸酶。以常用的酱油酿造菌株"沪酿3.042"为例，这株菌的蛋白酶和淀粉酶活力超强、繁殖速度非常快、抵抗杂菌能力非常强，而且不会产生黄曲霉毒素，不容易发生变异，所以，“沪酿 3.042”有它的过“菌”之处，用它发酵制作的酱油品质十分优良。

◎ 图 4–4　米曲霉

在米曲霉发挥功能后，发酵体系中温度、pH 的变化会使米曲霉发生自溶，很快“牺牲”。于是，酵母菌接过了酱油发酵的接力棒。其中，鲁氏酵母在酱油主发酵期产生酒精，易变球拟酵母和埃契球拟酵母在发酵后期形成四乙基愈创木酚（又称 4– 乙基 –2– 甲氧基苯酚，图 4–5），使酱油获得特有的香气。

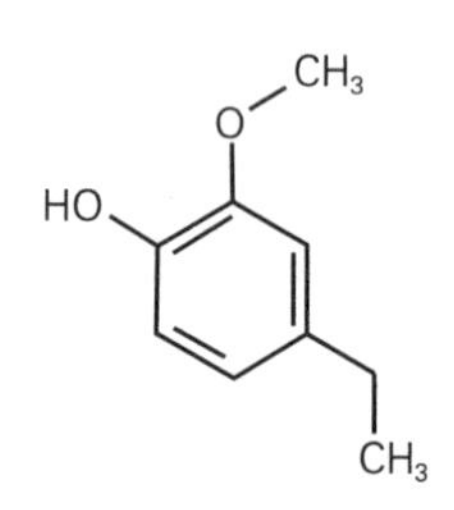

◎ 图 4–5　四乙基愈创木酚化学结构
（刘亚君制图）

除了米曲霉和酵母，酱油的酿造还有细菌的功劳。例如，四联球菌和

知识框　脱脂大豆

脱脂大豆是指大豆去除豆油后得到的富含蛋白质的产品，其中大豆蛋白含量达到 45%。大豆蛋白含有人体需要的八种必需氨基酸，属全价蛋白。因此，脱脂大豆是制作优质蛋白粉和酿造高品质酱油的主要原料。

去除豆油后的大豆

嗜盐球菌这两种有益细菌都可以耐受20%的盐浓度，并在发酵过程中产生乳酸，使得酱油醅的pH下降，同时促进鲁氏酵母的繁殖。另外，它们可以除去酱油醅中的氨基酸，分解臭味，增强酱油的风味。

“可是，”小磊一脸疑惑地说，“酱油为什么是黑色的呢？”

姜老师解释说：“这是因为在酱油发酵过程中产生了色素，而且色素的成分并不单一。色素产生的途径主要有两种。一种是酶促褐变反应，发酵过程中产生的酪氨酸在有氧条件下被微生物分泌的多酚氧化酶催化成黑色、棕色的色素；另一种属于非酶促反应，即氨基酸与糖在加热过程中会发生复杂的美拉德反应，最终产物为黑褐色的类黑素。因为麸皮中含有较多的木糖、阿拉伯糖等五碳糖，而五碳糖最容易发生褐变反应，所以有时会在酱油原料中适量配用麸皮来增加酱油色泽。”

美拉德反应

美拉德反应指的是含游离氨基的化合物和还原糖或羰基化合物在常温或加热时发生的聚合、缩合等反应，经过复杂的过程，最终生成棕色甚至是棕黑色的大分子物质类黑素或称拟黑素，所以该反应又被称为羰胺反应。除产生类黑素外，反应还会生成还原酮、醛和杂环化合物，这些物质是食品色泽和风味的主要来源。几乎所有含羰基和氨基的食品在加热条件下均能产生美拉德反应。美拉德反应能赋予食品独特的风味和色泽，所以，美拉德反应成为食品研究的热点，是与现代食品工业密不可分的一项技术，在食品烘焙、咖啡加工、肉类加工、香精生产、制酒酿造等领域广泛应用。

第四节　风味独特的固态发酵食品

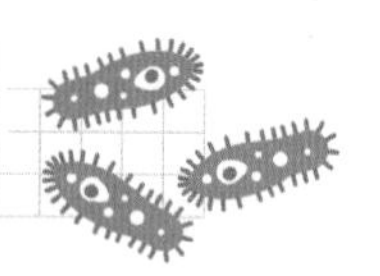

姜老师对液体发酵食物的讲解引起了同学们的激烈讨论，大家你一言我一语提出了各种各样的问题。

姜老师问：“大家还知道其他微生物发酵食品吗？”

小宇、小磊和凌凌纷纷抢答：“我知道，我知道！腐乳！”“泡菜！”“馒头！”

◎ 图 4–6　腐乳

姜老师被同学们急切的样子逗乐了，接着说：“腐乳（图 4–6）确实是一种微生物发酵食品，民间习惯称其为‘酱豆腐’或‘豆腐乳’。腐乳的生产原料很简单，主要是大豆，但腐乳生产中的微生物却非常复杂。早在我国北魏时期，就有关于腐乳生产工艺的记载。人工接入的菌种有毛霉或根霉、米曲霉、红曲霉和酵母菌等，但由于腐乳生产时采用的是敞开式自然环境培养，有许多其他种类的微生物参与进来，目前人们从腐乳中还分离出了腐乳毛霉、芽孢杆菌和酵母菌等。

“腐乳发酵在菌种选育上要求菌种拥有较高的抗杂菌能力，如果在生产过程中被其他微生物（如沙雷菌或嗜温型芽孢杆菌）污染，就会导致发酵失败。另外，菌种要生长繁殖快、生产温度范围大，这样腐乳发酵受季节的限制会比较小。除此之外，菌株最好还能够分泌蛋白酶、脂肪酶、肽酶，这些酶都有助于提高腐乳产品的风味和质量。”

小磊正在吃泡菜，他灵机一动，问道：“泡菜酸溜溜的，是不是也是利用微生物发酵生产的？难不成是醋泡的？”他的话引起大家一阵哄笑。

姜老师摆摆手，说：“泡菜也是微生物发酵食品，它是由乳酸菌发酵制成的，这个酸味不是醋酸而是乳酸造成的。”接着，姜老师指着桌子上的面包问道：“有没有人知道为什么面包这么松软有弹性？”

佳佳想了想，回答道：“我知道，是因为和面的时候加入了酵母菌。妈妈在家做馒头也是要放酵母菌的，而且掺入酵母菌后，还要在一定的温度下放置一段时间，让酵母菌可以繁殖、产气，这样就可以让面变得膨胀起来。妈妈说，酵母菌还可以丰富面粉中的营养物质，帮助人体消化和吸收营养。”

姜老师赞许地点点头，说：“大家知道吗，食用味精也是一种发酵食品。它的原料就是一种氨基酸——谷氨酸。人们普遍认为味精是一种让食品呈现鲜味的增味剂，其实它是多种风味的复合体——鲜、咸、酸、甜、苦五味俱全。那么这样一种神奇的增味剂是怎么产生的呢？”

于是，姜老师和同学们分享了关于味精的小历史。

早在19世纪，人们就采用化学法从小麦面筋、脱脂大豆等原料中提取出了谷氨酸。但一直到1956年，人们才发现第一种产谷氨酸的细菌——谷氨酸棒杆菌（图4-7），由此拉开了生物法合成谷氨酸的帷幕。目前工业上用于谷氨酸生产的菌除了谷氨酸棒杆菌，还有乳糖发酵短杆菌、黄色短杆菌、嗜氨短杆菌、散枝短杆菌等。

谷氨酸发酵与酿酒工艺不同，是一种改变微生物代谢的控制发酵。用于发酵谷氨酸的培养基不仅供给菌体生长繁殖所需要的营养和能量，而且提供构成谷氨酸的碳架来源。利用葡萄糖生产谷氨酸时，在一定浓度范围内谷氨酸的产量随着糖浓度的增加而增加，但是如果糖浓度过高，则会由于渗透压过大而不利于菌体的生长和发酵，导致谷氨酸产量降低。又如，培养基中的氮源，

谷氨酸

谷氨酸，化学式为$C_5H_9NO_4$，分子量为147.13，是一种酸性氨基酸。分子内含两个羧基，化学名称为α-氨基戊二酸。谷氨酸是里索逊于1856年发现的，为无色晶体，有鲜味，微溶于水，易溶于盐酸溶液，等电点为3.22。

谷氨酸大量存在于谷类的蛋白质中，动物脑中含量也较多。谷氨酸在生物体内的蛋白质代谢过程中发挥重要作用，参与动物、植物和微生物中的许多重要生理过程。

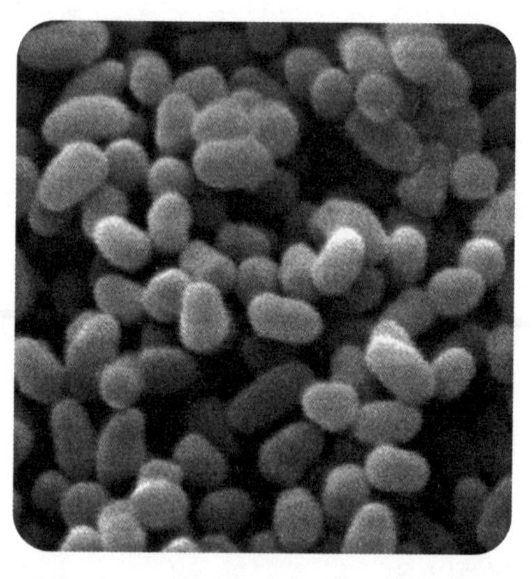

◎ 图4-7　扫描电子显微镜下的谷氨酸棒杆菌（刘双江实验室供图）

玉米淀粉的副产物——玉米浆常被用作谷氨酸生产的有机氮源。玉米浆浓度过低，微生物会进入“生理饥饿”状态，不利于生长和代谢。但玉米浆浓度过高，会使谷氨酸非积累型细胞增多。同时由于玉米浆引入的生物素过量，会导致细胞膜磷脂增多，细胞膜变厚，不利于谷氨酸的分泌。因此，对于培养基中的碳源、氮源、无机盐以及生长因子都需要严格控制。

当然了，从谷氨酸到味精成品还需要一些步骤。把谷氨酸溶于适量水中，用活性炭脱色，然后再加入碳酸钠中和，使其形成谷氨酸一钠，这样就获得了味精的粗制品。再经过一步精制，就获得了味精成品。

不知不觉，午餐会已经接近尾声。姜老师对大家说：“同学们，我们今天既饱了肚子又‘饱’了大脑。下周我们来动手发酵酸奶，亲身感受一下微生物发酵的魅力吧！”

第五节　科学实验
——酸奶的制作

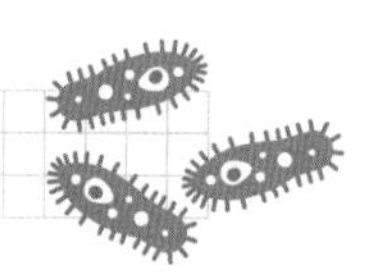

一大早，姜老师和科研助理们就把酸奶发酵实验的材料准备齐全，静待同学们的到来。

上课铃声响罢，姜老师对实验台两侧的同学们说："各位同学是不是都喜欢喝酸奶？我们今天的实验课主题就是制作酸奶！首先问大家一个问题，什么是酸奶？"

"就是酸的牛奶！"凌凌脱口而出。

大家都哈哈笑起来。姜老师摇摇头，说："联合国粮农组织、世界卫生组织和国际乳品联合会对酸奶定义为，由于保加利亚乳杆菌和嗜热链球菌的作用使乳品发生了乳酸发酵而制成的凝乳状产品，成品中必须含有大量的、相应的活性微生物。

"当然，用于酸奶发酵的菌种可不止刚才提到的两种菌。生产酸奶的菌种丰富多样，目前已知的就有 200 多种，例如双歧杆菌、嗜酸乳杆菌、副干酪乳杆菌、乳酸乳球菌等。它们都属于革兰氏阳性细

保加利亚乳杆菌与嗜热链球菌

保加利亚乳杆菌与嗜热链球菌是酸乳发酵的常用菌种。两种菌均属于革兰氏阳性菌，兼性厌氧。如果混合培养，两者的生长情况都比单独培养得好。因为保加利亚乳杆菌可以将酪蛋白分解为氨基酸，为嗜热链球菌的生长提供营养物质，同时嗜热链球菌可以产生甲酸，甲酸能促进保加利亚乳杆菌的生长。

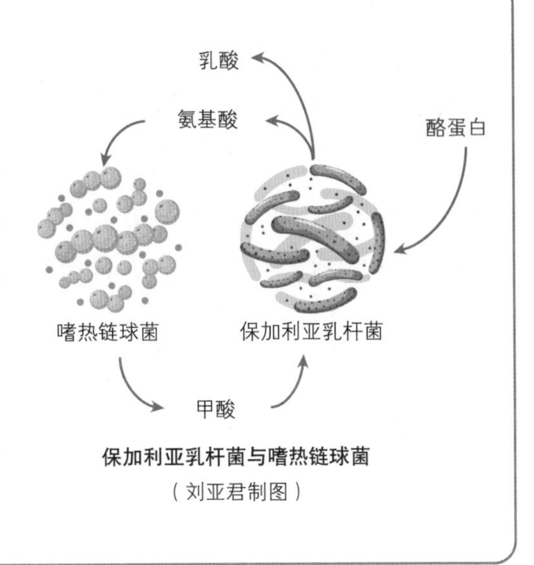

保加利亚乳杆菌与嗜热链球菌

（刘亚君制图）

菌，是可以利用葡萄糖或乳糖产生乳酸的益生细菌。这些乳酸菌缺少完备的氧化还原酶系，因此都是厌氧生长，但许多乳酸菌又不像其他厌氧细菌那样对氧气敏感，因此又被称为‘微需氧菌’。我们今天要制作的酸奶，是以新鲜牛奶为原料，经过巴氏杀菌后，加入益生菌，发酵后冷却灌装而成的。”

姜老师把大家分成了几个小组，并下达了“生产指标”——每个小组要制作五瓶酸奶。同学们天天喝酸奶，自己动手做酸奶还是头一次。他们聚精会神地听完老师的讲解，个个摩拳擦掌、跃跃欲试，听到老师下达指令，立即就开始了行动。

在姜老师的指导下，同学们将鲜牛奶倒入烧杯中，一边加热，一边向其中加入少量白砂糖。姜老师说：“我们在利用乳酸菌对牛奶进行发酵的时候，按鲜奶质量 5%—10% 的比例添加糖有利于提升产品风味。但是需要注意的是，糖浓度过高会影响细胞生长环境的渗透压，导致细胞失水，从而抑制乳酸菌产酸。”

接着，大家将混匀后的牛奶加热到63℃并维持30分钟。“巴氏灭菌法是一种既能杀灭牛奶里的病菌，但又不影响牛奶口感的消毒方法。巴氏灭菌非常有必要。首先，我们可以杀死发酵体系中的杂菌，保证食用安全。其次，牛奶灭菌后更有利于乳酸菌的生长，也可以使牛奶中的乳清蛋白变性，从而和酪蛋白复合来容纳更多的水分，这样可以避免乳清的析出。”姜老师说。

巴氏消毒法

法国微生物学家巴斯德发明了巴氏消毒法，也称巴氏灭菌法。加热到63℃并维持30分钟，或者加热到72℃并保持15秒进行低温短时消毒，可以杀灭乳制品中的病原微生物或特定微生物，一些不耐热的营养物质则不会被破坏，经巴氏消毒处理的牛奶只能于2—6℃的条件下冷藏，保质期不超过七天。

随后，同学们把热牛奶用冷水浴快速冷却到45℃左右，又加入了含有乳酸菌的发酵剂，并用玻璃棒搅拌均匀，再分装到玻璃小瓶中。

凌凌心急得很，实在等不及热牛奶的温度降下来，就急慌慌地要把乳酸菌加到烧杯中。姜老师见状连忙阻止：“温度太高时接种会烫死乳酸菌，导致酸奶发酵失败。所谓心急吃不了热豆腐呀！”凌凌一脸窘迫，赶紧老老实实等着牛奶的温度降到45℃。

最后，同学们把所有的发酵小瓶封口，放进了42℃的恒温培养箱中培养。

等待发酵的过程中，姜老师与同学们一起讨论了酸奶的营养价值：“不少人都有乳糖不耐受症，是因为他们体内缺乏乳糖酶而不能代谢乳糖，所以喝完牛奶会出现腹胀、腹痛甚至腹泻的症状。牛乳经过发酵制成酸奶后，有 1/3 的乳糖被水解为半乳糖和葡萄糖，继而被转化为乳酸，降低了牛乳中乳糖的含量。因此，喝酸奶可以减轻部分人群的乳糖不耐受性。”

同学们吃过晚饭又回到实验室看着培养箱中的发酵小瓶，简直是望穿秋水。凌凌等不及了，问：“姜老师，都已经过去 8 小时了，酸奶什么时候才能发酵好呢？”

姜老师取出一瓶发酵液，亲自测定了一下 pH，说：“根据发酵剂的种类和用量不同，酸奶发酵通常需要 8—12 小时。目前，这瓶发酵液的 pH 已经降到了 4.7。”他一边说一边缓慢地倾斜瓶身，观察发酵液的流动状态和组织形态，“大家看，现在发酵液的流动性显著变差了，而且出现了小颗粒。”姜老师解释道，“高质量的酸奶要具有发酵乳的酸味和气味，口感黏稠，酸甜适中，并且没有乳清析出。这一组发酵液基本到达了发酵终点，可以‘出厂’了。接下

pH 和乳清

pH 是氢离子浓度指数，用于判断溶液的酸碱度。pH ＞ 7 时呈碱性，pH ＜ 7 时呈酸性。溶液的 pH 可以采用 pH 试纸或 pH 计进行测定。

乳清是在奶酪生产过程中产生的副产品，是一种呈绿色的、半透明的液体，包含有鲜乳中近一半的营养成分。

来，我们把制成的酸奶放到 4℃的冰箱里。待冷却之后，口感就更好了。”

第二天，同学们品尝自己制作的酸奶。大家的酸奶都制作得非常成功，品尝后都竖起了大拇指。同学们通过亲自动手发酵酸奶的实验，切实体会到微生物发酵的神奇，也更加感性地认识到微生物在食品制作、生产中的重要作用。

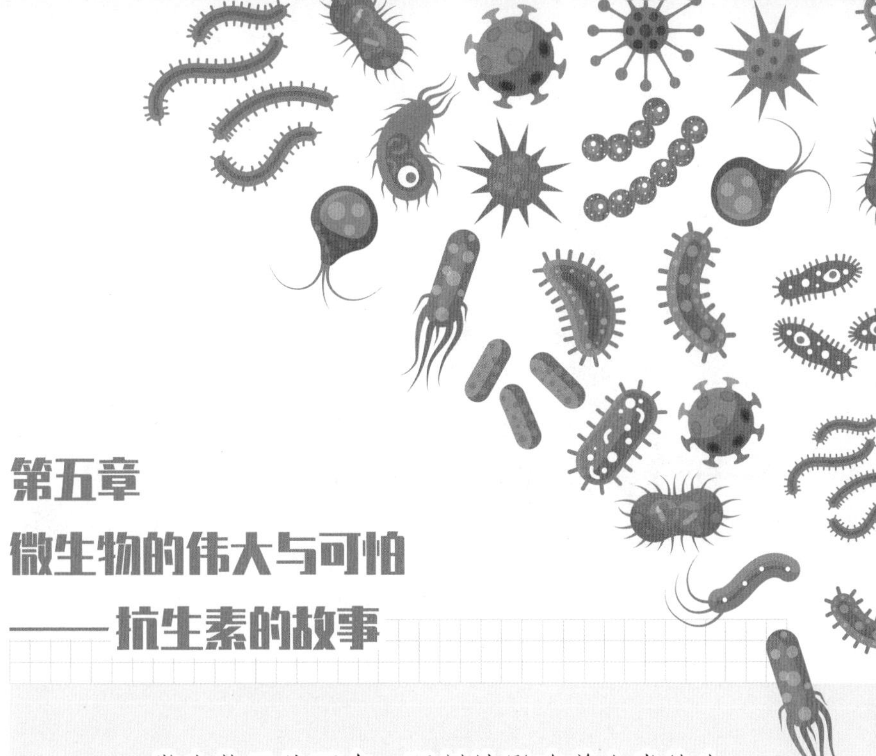

第五章
微生物的伟大与可怕
——抗生素的故事

微生物无处不在，深刻地影响着人类的生存环境。人类对抗生素的发现、认知乃至滥用体现了微生物同时具有“伟大”与“可怕”的两面性。本章从青霉素的发现谈起，介绍抗生素的种类、作用原理和研制、生产技术，并从一个超级细菌的诞生历程，讨论抗生素对疾病控制的贡献、对环境的污染以及滥用抗生素的危害。最后介绍替代抗生素的前沿治疗方案，讨论人与微生物和谐共存的基本方略，并以紫杉醇的生产为例介绍微生物在抗肿瘤药物研发中的重要地位和作用。

本章基本知识包括什么是抗生素、抗生素如何保护人类健康、什么是耐药性、耐药性如何产生、如何利用微生物制药等。

第一节　青霉素的发现之旅

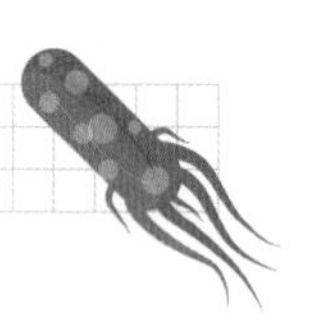

小宇经过一周的输液治疗和休养，肠胃炎好了，身体也康复了，于是又回到了微生物兴趣小组的课堂上。大家都开心地欢迎他的回归。

按照姜老师的嘱咐，小宇把医生开给他的药带到了课堂。姜老师笑眯眯地说：“学习是一件随时随地都在进行的事情呀。”

然后姜老师指着其中一个药盒，上面清晰地写着的“青霉素”三个字，问道：“喏！同学们，你们知道吗，青霉素是人类最早发现的抗生素！你们知道青霉素是怎么来的吗？今天，我们就来讲讲抗生素的故事吧。”

青霉素的发现者是英国细菌学家亚历山大·弗莱明。

1914 年，第一次世界大战爆发后，亚历山大·弗莱明成了一名战地医生。在战场上他目睹了无数的士兵因伤口感染而丧命，这让他意识到强大的人类在病菌面前是多么的弱小。

战后，弗莱明致力于克制病菌的研究，经历了无数次失败的实验。1928 年，弗莱明在做葡萄球菌培养实验时意外发现一只没有盖好盖子的培养皿上“盛开”着一朵青绿色的“霉花”，他刚想把这只失败的实验产物——恶心的发霉平板丢掉，一些奇怪的影像却在大脑中飞速闪过。他把平板拿回来仔细观察，只见“霉花”菌落周围形成了一个无菌圈，葡萄球菌仿佛是在有意躲着“霉花”。弗莱明敏锐地意识到，这是一种新型霉菌，可以分泌某种物质抑制葡萄球菌的生长。弗莱明经过坚持不懈地研究，终于在次年从青霉菌培养物的滤液中提取到了抗细菌的物质，并将其命名为青霉素。

现在我们知道，青霉素是一个划时代的科学发现，是科学发现史上一颗耀眼的星。可在当时，弗莱明发表了两篇关于青霉素的论文后，青霉素却似石沉大海，几乎无人问津。究其原因，是当时缺乏青霉素提纯的技术，因此在同行眼中青霉素不过是一种没有实际用处的新物质罢了。

1939 年，第二次世界大战爆发，青霉素也迎来了它的“被再次发现”。

当时，战争中伤员的细菌感染日趋严重，亟待找到克制细菌的新方法。英国病理学家弗洛里和生物化学家钱恩从文献堆里扒拉出弗莱明的文章，重新发起了对青霉素提纯的科研攻关。经过不懈努力，著名的药品盘尼西林（青霉素英文音译）横空出世。

盘尼西林治疗细菌感染的效果非常好，但由于生产条件的限制，产量极低，价格昂贵，在 1943 年时，一支 40 万单位的盘尼西林售价高达 200 美元。战争的日益焦灼导致青霉素的需求剧增，科学家迫于压力采用了 X 射线诱变育种这种极端方法进行试验，意外将青霉素的产量提高了几万倍，经过仅仅一年的时间，青霉素的价格就暴跌到了

1 美元一支!

青霉素在战场上挽救了无数伤兵的生命，与原子弹、雷达并列，成为第二次世界大战期间的三大发明之一。1945 年，诺贝尔生理学或医学奖授予了弗莱明、弗洛里和钱恩，以表彰三位科学家在“发现青霉素及其临床效用”中的重要贡献。

第二节　强大的抗生素

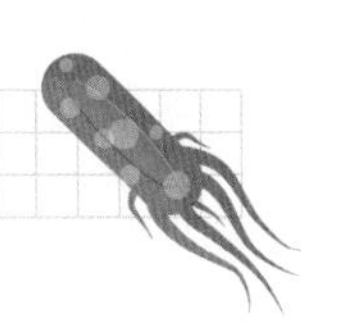

“可是老师，青霉菌为什么要产生青霉素呢？”

“青霉素究竟长什么样子呢？”

“青霉素为什么可以抑制细菌的生长呢？”

姜老师刚讲完故事，同学们的问题便铺天盖地而来。

姜老师微笑着扶了扶眼镜，娓娓道来：“同学们少安毋躁，今天就让我们来继续好好认识一下强大的抗生素！”

自然界中，微生物之间普遍存在着拮抗作用，也就是一种微生物能够抑制或杀死其他种类微生物的现象。我们通常认为，微生物所产生的这种很少量就能够抑制某些其他种类的微生物生长甚至杀死它们的化学物质，就是抗生素。可以说，在优胜劣汰这一自然法则下，抗生素就是微生物适应生存而进化出的强大的御敌武器。前面我们讲到，青霉素是最早发现的抗生素。其实，我们所说的青霉素并不是单一的化学物质，而是一类化合物的总称。例如，青霉菌的发

微生物拮抗

实际上在古代，人们就已经无意识地利用了这种拮抗作用。例如，我国古代劳动人民在2500多年前就知道用豆腐上长的霉菌来治疗疮痈。腐烂食物中起到治病作用的功臣，就是霉菌产生的抗生素。

必须说明的是，“霉菌治病”是一种基于经验的原始方法，具有偶然性。由于微生物也会产生可能致命的毒素，因此这种方法存在极大的风险。

酵液中就至少含有5种青霉素类化合物。青霉素所属的抗生素种类叫β-内酰胺类抗生素，这一类抗生素都具有β-内酰胺环的化学结构，因此得名，是人类最常用的一类抗生素。

青霉素之所以可以用来抗击金黄色葡萄球菌引起的急性肠胃炎、肺炎链球菌引起的肺炎等疾病，是因为这类化合物可以针对致病细菌的细胞结构（图5-1）发挥作用，具体来说，就是可以干扰细菌细胞壁的合成。

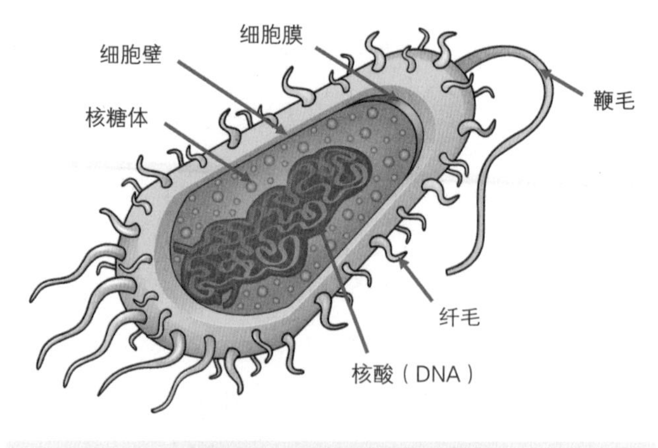

◎ 图5-1　细菌细胞结构示意图

金黄色葡萄球菌

青霉素是英国细菌学家弗莱明在针对金黄色葡萄球菌的研究中发现的。金黄色葡萄球菌是常见的食源性致病菌，广泛存在于自然环境中，是仅次于沙门氏菌和副溶血性嗜血杆菌的第三大致病菌。

金黄色葡萄球菌可以在人体内产生肠毒素，引起食物中毒和急性肠炎。据统计，由金黄色葡萄球菌引起的食物中毒占食源性微生物食物中毒事件的 40% 左右。

细菌细胞壁是细胞外层的包被结构，具有固定细胞外形，为细胞生长分离提供基础、阻拦有害物质进入细胞等重要作用。因此，对于细菌来说，细胞壁是重要的保护屏障，失去细胞壁就无法生存。革兰氏阳性菌以金黄色葡萄球菌、肺炎链球菌为代表，细胞壁较厚且交联致密，一般在 20—80 纳米，其中肽聚糖占 90%，磷壁酸占 10%。肽聚糖呈三维网状结构，磷壁酸填充在网孔中，形成了类似钢筋水泥的结构。革兰氏阴性菌以大肠杆菌为代表，肽聚糖在它的细胞壁中只占 10% 左右，肽聚糖网套稀疏，肽聚糖层外还具有富含类脂的外膜层，对机械外力的抵抗力较弱。

细菌利用一种叫 D– 丙氨酰 –D– 丙氨酸的前体物质，经过转肽酶的作用，合成细胞壁中肽聚糖层。有趣的是，青霉素的结构恰巧与这种前体物质相似，因此青霉素进入细胞内后，转肽酶无法正确地区分青霉素与 D– 丙氨酰 –D– 丙氨酸，造成了青霉素与前体物质对酶的竞争关系，从而阻碍了肽聚糖层的形成，造成细菌细胞壁的缺损。

正是由于青霉素针对肽聚糖合成的作用原理，以及革兰氏阳性菌细胞壁中肽聚糖层的重要性，青霉素类抗生素主要用于抑制革兰氏阳性细菌。

我们人体细胞并没有细胞壁结构，也没有识别D-丙氨酰-D-丙氨酸的酶，因此，青霉素不会干扰人体的酶系统。青霉素针对细胞壁作用的高度特异性，使其对人体细胞几乎无害。因此，青霉素被认为是一种非常理想的抗生素。

即便如此，使用青霉素仍需极度谨慎。这是由于青霉素类抗生素往往在人体内不稳定，会分解出一些化合物形成过敏原，引起严重过敏反应。因此，人们在使用青霉素之前必须要进行过敏实验分析，也就是我们通常所说的“皮试”。

那么，除了青霉素类抗生素，还有别的抗生素针对细菌的细胞结构发挥作用吗？

多肽类抗生素也是针对细菌的细胞结构来发动攻击的。多肽类抗生素是一类具有多肽结构特征的抗生素，其主要成员包括多黏菌素、杆菌肽、短杆菌肽和万古霉素等。以短杆菌肽S为例，它具有表面活性剂的作用，可以降低细菌细胞膜的表面张力，改变细胞膜的完整性和通透性，使细菌细胞内的单糖、氨基酸、核苷酸等与生命活动息息相关的物质泄漏到细胞外，造成细胞的死亡。

继青霉素被发现之后，科学界掀起了抗生素的研发热潮，各种各样的抗生素被人类发现。迄今为止，人类发现的抗生素就不下万种。

随着人类科技的进步，抗生素已从物种间朴素的天然拮抗“武器”，发展为高效强大的“进阶武器”。抗生素的来源已不再局限于微生物。科学家从动物、植物的代谢物中也分离到抗生素，甚至可以通过化学法合成或半合成具有抗菌活性的化学物质。

也许大家又要问了，除了针对细菌的细胞结构发挥作用的抗生素，还有其他种类的抗生素吗？答案当然是肯定的。

1943 年，科学家从土壤中分离出链霉菌，并且从链霉菌中分离出了链霉素，它是继青霉素后第二个被大规模生产并用于临床的抗生素。链霉素属于氨基糖苷类抗生素，这类抗生素的分子结构中都含有氨基环醇类和氨基糖分子，二者由配糖键连接成苷，因而得名氨基糖苷类抗生素。

链霉素是目前治疗肺结核最有效的药物之一，它的作用对象就是结核分枝杆菌，这也是一种革兰氏阳性菌。链霉素不是通过瓦解细菌的细胞结构来抑制结核分枝杆菌，而是针对细菌的生理过程发挥作用，具体来说，是通过抑制蛋白质合成来抑制细菌的生长。链霉素以不可逆的方式结合到核糖体 30S 亚基上，使其不能正常行使功能，从而有效地抑制细菌的蛋白质合成，达到杀灭细菌的效果。

病毒不具有细胞结构，通常只具有蛋白质外壳和包裹在其中的核

蛋白质合成与核糖体

蛋白质是组成机体结构和发挥各种生理功能的重要物质，因此，蛋白质的合成对生命的延续至关重要。细菌蛋白质合成指的是根据 mRNA 分子中碱基排列顺序翻译成一定氨基酸排列顺序的蛋白质的过程，可分为氨基酸的活化、多肽链合成的起始、肽链的延长、肽链的终止和释放、蛋白质合成后的加工修饰五个步骤。核糖体在整个蛋白质合成过程中起到核心作用，就如同一架智能机器，核糖体验证 mRNA 的序列信息，一边迅速移动，一边合成肽链，最终经过后续的肽链加工形成蛋白质。核糖体这架机器包括多个不同大小的重要组件，例如细菌 70S 核糖体由 50S 和 30S 亚基组成。

酸，也不具备完整的细胞分裂、生长繁殖过程。因此，上述以细胞结构和细菌生理过程为靶标的抗生素无法对病毒发挥作用。虽然一般的抗生素没有抗病毒作用，但是近年来的研究发现，一些由真菌、放线菌产生的抗生素具有抑制 HIV 吸附宿主细胞的作用。

第三节 科学实验——寻找抗生素

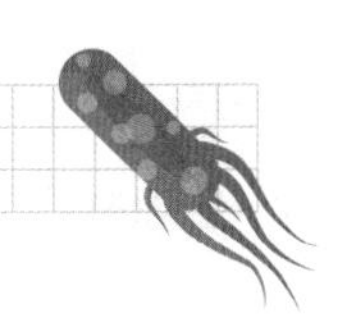

在同学们的强烈要求下，姜老师把本周实验课的主题定为“寻找抗生素”。

“科学家一般是从土壤中筛选拮抗菌来获得新的天然抗生素，这依旧是目前寻找抗生素的主流方法。”姜老师把装有细菌的试管分发给每一位同学，“我们前期从盐碱地土壤样品中筛选到了几十株细菌，今天咱们要从中再筛选出能够拮抗尖孢镰刀菌的菌株。”

“这是一种什么样的致病菌呢？”小宇忍不住问道。

“大家看看这棵白菜的根发生了什么？”姜老师取出一棵白菜样本，指着它腐烂的根部，“看，尖孢镰刀菌就是让植物生病的罪魁祸首之一。”说着，他举起手中的一支试管，“我之前已经把尖孢镰刀菌从白菜的根部分离、培养出来了。现在，这些‘小恶魔’就被困在这支玻璃试管里。”

按照姜老师的安排，每位同学都分到一份土壤细菌，然后把各自的细菌接种到牛肉膏蛋白胨培养基上，放在37℃的恒温培养箱中培养了24小时。再次取出来时，培养基上已经长满了各式各样的菌落。

同学们举着各自的培养皿，兴奋之情溢于言表。

姜老师赞许地说："经过一天左右的活化，大家的候选拮抗细菌都生长得非常茁壮。下面可以进行平板对峙实验了。"

所谓平板对峙实验，就是把含有病原菌尖孢镰刀菌的菌饼放置在培养基平板的正中央，然后在平板上选择和中央菌饼等距离（2—3厘米）的三个点，倒置放上拮抗细菌的菌饼。同时，要有一个只接种了尖孢镰刀菌的培养基平板作为阴性对照。当对照组病原菌的菌丝铺满了整个平板时，同学们便从恒温培养箱里取出所有的实验平板。

佳佳和小磊的实验组培养基上形成了"三夹一"的生长形态，拮抗菌如同三支犄角把病原菌死死抵在中央区域。凌凌和小宇的培养皿上却毫无效果，病原菌菌丝长得肆无忌惮。结果一出，真是几家欢喜几家忧。

看到凌凌急得抓耳挠腮，姜老师说："成功的同学不要骄傲，失败的同学也无须气馁，筛菌实验本身就是一件充满不确定性的工作。大家要记住，惊喜和成功往往建立在艰辛的付出和失败之上，在研究的道路上，要有屡败屡战的决心和觉悟。"

接下来，姜老师测定了病原菌菌落的直径（直径越小说明病原菌长得越差、筛到的菌的拮抗作用越强），然后根据测定结果，把对尖孢镰刀菌有较强拮抗作用的菌株鉴定筛选出来，并且接种到液体培养基中进行培养。之后，姜老师过滤掉细菌的细胞，制备成无菌发酵液。

同学们把病原菌和牛肉膏蛋白胨混匀制作成固体培养基，然后在培养基中央打了个小孔，把少量无菌发酵液倒入。恒温培养两天后，平板的中央出现了不长菌的“抑菌圈”（抑菌圈越大，说明拮抗作用越强）。

经过鉴定，脱颖而出的这株“最强”拮抗细菌是一株枯草芽孢杆菌。

“姜老师，之前您讲到抗生素的几种抑制细菌的作用方式，那么这株枯草芽孢杆菌又是如何抑制尖孢镰刀菌这种真菌的呢？”小宇问道。

为了满足同学们的好奇心，姜老师带领大家在电镜下观察了病原菌。同学们发现，加入枯草芽孢杆菌后，尖孢镰刀菌的菌丝和孢子由光滑变得皱缩，甚至破裂。

“看来这株枯草芽孢杆菌产生的抑菌物质，是通过影响尖孢镰刀菌菌丝和孢子的生长来起到抑菌作用的！”凌凌兴奋地说。

姜老师趁热打铁，指导同学们利用不同的化学试剂对菌株发酵液中的抑菌物质进行粗提取。经过初步鉴定，抑菌物质属于脂肽类化合物。

牛肉膏蛋白胨培养基和枯草芽孢杆菌

牛肉膏蛋白胨培养基是一种应用广泛的微生物天然培养基，主要成分包括牛肉膏、蛋白胨和 NaCl。

枯草芽孢杆菌是芽孢杆菌属中的一种，广泛分布在土壤和腐烂的有机质中，易于从枯草浸汁中提取。在微生物学研究中常用作革兰氏阳性菌的代表。

“成功了！我们找到抗生素喽！”大家开心地欢呼。

“同学们，”姜老师平静地说，“我们仅仅是发现了一种抗生素，这只是抗生素研发道路上的一小步。就如同青霉素的发现到真正造福人类，中间还经过了十余年的研发。如果没有培养和提纯技术的开发，如果不能实现工业化生产，如果无法通过安全测试，抗生素将永远裹足于实验室。”

第四节　抗生素滥用

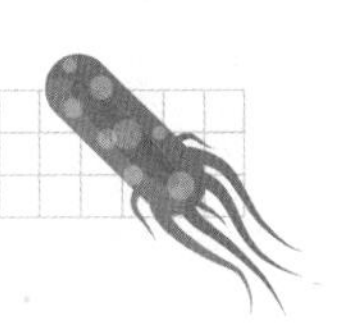

抗生素是最近一段时间微生物兴趣小组关注的话题，小宇的肠胃炎也成了大家聊得最多的案例。

佳佳问："小宇，你用青霉素就治好了肠胃炎吗？还用到别的抗生素了吗？"

"别提了，一开始输液用的青霉素，竟然不管用。医生说我身体里的致病菌可能对青霉素有耐药性，又给我换了别的抗生素。"

姜老师听到小宇的回答，担忧地叹了一口气："耐药性确实已经成为一个越来越严重的问题。今天，我们就来说说细菌的耐药性是如何产生的吧。"

在自然界亿万年的进化中，微生物与抗生素在时刻进行着博弈，两个阵营的力量总体上维持着平衡。然而，近几十年间，人类对抗生素的大量开发、制造和使用，却打破了这个平衡。

例如，最开始使用青霉素时，只有不到 8% 的葡萄球菌对它有耐药性，而到了 1982 年，科学家发现 70% 的葡萄球菌都具有了耐药性。许多抗生素问世后都出现了类似的情况。

细菌的耐药性使抗生素失去了治疗效果，严重威胁着公众的生命安全。根据预测，到 21 世纪中叶，全球因多重耐药性死亡的人数将超过 1 000 万。

细菌到底是怎么获得耐药性的呢？细菌对抗生素的耐药机制多种多样，但大致可以分为三大类：一是产生灭活酶，作用于抗生素，导致抗生素失效；二是改变细菌体内抗生素的作用靶位，使自身对抗生素不敏感；三是改变细胞膜通透性，阻碍抗生素进入细胞。

针对同一种抗生素，不同细菌可以进化出不同的方式来产生耐药性。例如，肺炎链球菌针对青霉素会改变细胞膜上通道蛋白的功能和数量，降低细胞膜上与青霉素结合部位的靶蛋白与青霉素的亲和力，使青霉素不能与其结合而出现耐药性。

另外，还有细菌会形成多重耐药机制，可简单理解为以上三种机制的组合。例如，肠球菌既能产生 β－内酰胺酶分解青霉素，又能产生大量青霉素结合蛋白以拮抗青霉素向细胞内的转运。

在已知的耐药菌中，有些细菌几乎对所有抗生素都不敏感，它们就是可怕的超级细菌。由于感染超级细菌而无药可医的案例并不少见。

细菌对抗生素耐药性的获得一方面是通过突变和自然选择得来，另一方面是通过耐药基因从耐药菌到敏感菌转移获得。抗生素的大量和反复使用，会极大提高突变和耐药基因水平转移的概率，在药物的

知识框　“超级细菌”致死第一人

2010 年，一名比利时男子在巴基斯坦遭遇车祸，导致腿部受伤而入院接受手术。在手术过程中，该男子感染了超级细菌，医生用强力抗生素黏菌素进行救治，但仍无法挽救他的生命，他成为感染“新德里金属蛋白酶 –1 超级细菌”致死第一人。

新德里金属蛋白酶 –1 超级细菌是一种携带名为“新德里金属蛋白酶 –1”超级抗药性基因的致病菌，含这种基因的细菌对几乎所有抗生素具有抗性。

选择作用下，而有更多机会获得耐药菌。

抗生素已经从过去的不够用，发展到今天的过度用。抗生素滥用，不仅对环境造成了污染，其最大的危害就是造就了细菌的耐药性，威胁着公众的生命。

同学们知道了抗生素滥用的危害，在使用抗生素时，我们应该怎么做呢？确实，我们要严格控制抗生素在医疗、农业及畜牧业上的使用范围和用量，从源头减小抗生素污染的可能性。

我国政府高度重视抗生素的使用和管理。我国成立了抗生素耐药性控制委员会，制定了相关的政策、规范和监督措施，以管理抗生素的生产和使用。科学家们在努力寻找对抗超级细菌的新疗法和抗生素替代品，并且开发新方法努力对抗耐药基因及耐药微生物。当然，科学家也从未停止过对抗生素的研发，但研究的主要方向已经发生了转变，也就是从在天然微生物代谢产物中寻找具有开发价值的新抗生素转变为对已知抗生素化合物的改造或优化组合。

虽然科学家提出了许多具有潜力的应对方法，但现有抗生素的耐药性升级依然严重威胁着公众的生命和健康，遏制细菌耐药性的工作任重而道远。

第五节　人类智慧的考验——研发新“武器”

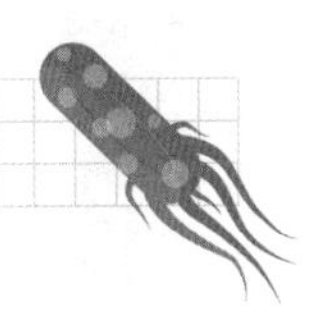

听完姜老师的讲述，同学们陷入沉默。

姜老师微笑着继续讲：“确实，超级细菌感染的事例不胜枚举。不过，人类的智慧是无穷尽的。只要我们尊重自然，认真审视自己的错误，努力改正，打败超级细菌仍有希望！下面咱们讲个振奋人心的故事吧。

“话说美国的汤姆·帕特森教授和妻子一起去埃及旅游，途中不幸感染了鲍曼不动杆菌。眼看着帕特森教授奄奄一息，医生们却对这种超级细菌束手无策。”

姜老师话锋一转，“这时，妻子斯蒂芬妮·斯特拉

鲍曼不动杆菌是易在医院感染的重要病原菌，主要引起呼吸道感染，也可引发泌尿系统感染、继发性脑膜炎、败血症等疾病。

迪挺身而出，要为帕特森做最后一搏。斯蒂芬妮是一位传染病专家，在传统医疗手段没有效果时，她使出‘以毒攻毒’的雷霆手段。”

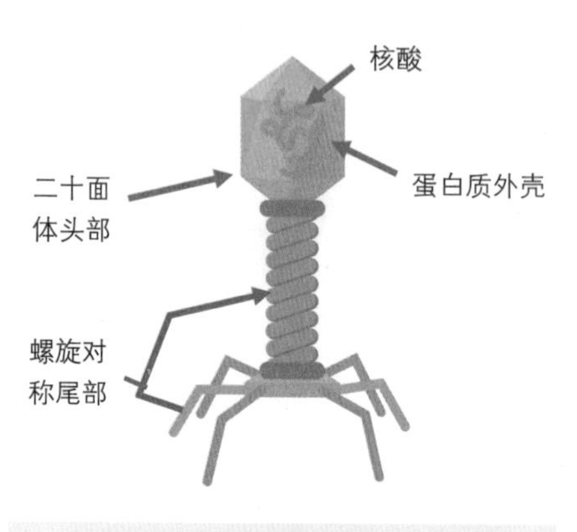

◎ 图 5-2 某种噬菌体的结构示意图

“以毒攻毒？”同学们纷纷投来诧异的目光。

“这个用来治病的‘毒’指的是一种病毒——噬菌体（图 5-2）。”

噬菌体是感染细菌、放线菌、螺旋体或真菌等微生物的病毒，具有严格的宿主特异性，只能在易感的活的微生物细胞内复制增殖，是专性胞内寄生的微生物。噬菌体个体微小，无细胞结构，它的结构非常简单，仅由蛋白质外壳与核酸（DNA 或 RNA）组成。大多数噬菌体呈“复合对称壳体结构”，它的头部是一个二十面体，尾部呈螺旋对称。为什么是二十面体呢？因为在几何学立方对称结构中，二十面体容积是最大的。噬菌体“选择”这种蛋白结构，便可以包装尽可能多的核酸。可见，生物的智慧往往体现的就是“优胜劣汰，适者生存”的自然法则。

噬菌体都具有溶菌特质，它们可以侵染细菌细胞，把自己的基因组注入细菌中。其中，烈性噬菌体在宿主菌细胞内复制增殖，产生许多子代噬菌体，最终裂解宿主菌，同时释放出子代噬菌体，子代噬菌体再去感染新的细菌，这是个周而复始的过程；温和噬菌体感染宿主菌后不立即增殖，而是将核酸整合到宿主菌的基因组中（形成前噬菌体），不产生子代噬菌体，但噬菌体核酸随宿主菌基因组的复制而复制，并随宿主菌的分裂而分配至子代宿主菌的基因组中。噬菌体自主繁殖扩增，可以看作一种“活”的药，只需较小给药剂量就可以达到抗菌治疗效果。

噬菌体疗法的优势还在于不用担心细菌的耐药性。可以想象，细菌在进化，噬菌体也在随之进化。自然法则控制下，噬菌体让致病细菌无所遁形。

临床上使用的抗生素（如青霉素）多为广谱抗生素，作用的对象范围广，打击面大，在抑制致病菌生长的同时，还会影响肠道中的正常菌群。肠道内的微生物群落被称为“看不见的器官”，对人体健康具有非常重要的作用。据报道，在使用广谱抗生素治疗后，人体肠道某些菌群数量减少到原来的 1/10，菌群恢复需要 6 个月，部分菌群甚至不可恢复。

噬菌体几乎只专一性地针对一种细菌，具有较为专一的宿主，因此可以精准打击致病菌，而对人体的正常菌群不产生影响。这一点明显优于常规的抗生素。

另一方面，噬菌体宿主种类范围过于狭窄也在一定程度上限制了噬菌体疗法的临床应用。将多种具有不同裂菌谱的噬菌体制成“鸡尾酒”混合制剂，可以很好地解决这一问题。噬菌体鸡尾酒疗法已被成功应用数十年，在高效抑菌的同时可降低耐药细菌

益生元是一类本身不能被宿主消化吸收却能够选择性地促进体内有益菌的代谢和增殖，进而改善宿主健康的有机物质。

免疫调节剂具有调节机体免疫系统的功能，包括免疫刺激剂和免疫抑制剂。

出现的频率，目前噬菌体治疗仍是主要发展方向之一。

除了噬菌体，目前常见的抗生素替代品还有益生元、植物提取物、免疫调节剂、抗菌肽、疫苗，等等。寻找抗生素替代品已经成为控制病菌耐药性发展的重要手段。

故事说回来，斯蒂芬妮与医师们经过讨论研究，混合几种已知能杀死鲍曼不动杆菌的噬菌体，优化噬菌体治疗方案，及时进行救治，几个月后，帕特森痊愈了。

第六节　抗肿瘤药物
——微生物制药大有可为

“哪位同学可以给抗生素下个定义呢？”姜老师又抛出了问题。

同学们都使劲举高手，唯恐落后。

“抗生素是一种化学物质，它是由微生物代谢产生的，在低浓度下就能够抑制某些其他种类的微生物生长甚至杀死它们。”小宇获得了回答的机会。

姜老师点点头：“小宇说得很对，这是对抗生素最传统的定义。但是，随着抗生素的大规模研发和生产，这个定义就显得不够全面了。我们之前的课上提到，抗生素的来源其实不再局限于微生物，也可以是动物、植物的代谢产物，或者化学法合成或半合成的物质。不仅如此，抗生素的作用对象也发生了改变。抗生素拮抗的不只是微生物，一些大型原虫、寄生虫，甚至肿瘤也都可以是抗生素的抑制或杀灭目标。”

同学们纷纷睁大双眼：“抗生素还可以抗肿瘤呀！真厉害！”

姜老师微笑着说：“可不是嘛。说到抗肿瘤药物的生产，微生物在这方面还大有可为啊！最常用的一种抗肿瘤药物就是紫杉醇。”佳佳插话道：“我记得您讲过，紫杉醇是从植物体内分离得到的。”

知识框 紫杉醇

紫杉醇是一种四环二萜化合物。人体细胞中的微管蛋白与细胞有丝分裂密切相关，而紫杉醇恰好可以抑制微管蛋白的解聚，使细胞分裂终止，从而达到杀灭肿瘤细胞的目的。

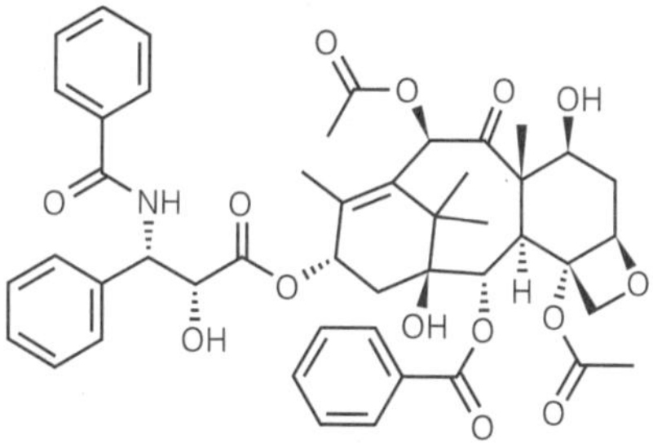

紫杉醇分子结构示意图

“没错，紫杉醇最早从太平洋红豆杉中分离得到。”姜老师对佳佳敢于质疑的精神表示了赞许，继续说，“科学家利用红豆杉的粗提物进行实验，发现它对离体培养的肿瘤细胞有很高的抑制活性。”

临床上对紫杉醇的需求量极大，但是植物中紫杉醇的含量非常低。目前紫杉醇含量最高的是短叶红豆杉树，据估计，从大约 13.6 千克的红豆杉树皮中才能提取出 1 克的紫杉醇。这一方面造成了红豆杉的大量砍伐，甚至使其濒临灭绝，另一方面使得紫杉醇的价格居高不下。

天然紫杉醇供不应求，这引发了科学家对紫杉醇合成途径与生产方法的探索。人们逐渐将研究方向聚焦到通过微生物合成紫杉醇的开发上。从 20 世纪 90 年代起，科学家从太平洋紫杉树、红豆杉等植物中分离出多种可产紫杉醇的内生真菌，但紫杉醇的产量较低，距离量

合成生物学是21世纪出现的生物科学的分支学科。合成生物学研究的目的在于建立人工生物系统，从最基本的要素开始，从基因片段、DNA分子、基因调控网络与信号传导路径，一直到细胞的人工设计与合成，从而将工程学原理与方法应用于遗传工程与细胞工程等生物技术领域。合成生物学具有标准化、模块化、去耦合的技术特点。

化生产水平有较大差距。

近几年来，合成生物学研究技术突飞猛进的发展为紫杉醇的微生物生产提供了基础。目前，紫杉醇的生物合成途径已经被解析，掌握了紫杉醇的合成过程后，科学家将紫杉醇合成关键基因引入大肠杆菌和酵母菌的工程菌株中，为紫杉醇及其前体的合成开辟了新的途径。

例如，科学家利用CRISPR-Cas9技术建立了一种无克隆的工具盒，可以解决代谢工程中的一些常见问题。继而将这种“工具盒”应

知识框　CRISPR-Cas9

CRISPR-Cas9是细菌和古细菌在长期演化过程中形成的一种适应性免疫防御，用来抵抗入侵的病毒及外源DNA。

基于CRISPR-Cas9的作用原理，科学家开发了相应的基因编辑技术，可以对特定靶向基因进行编辑，是目前最前沿的基因编辑方法之一。

用于产紫杉烯工程菌的构建，探索了多种蛋白标签及启动子对紫杉烯合酶（紫杉醇合成途径的第一个关键酶）在酿酒酵母中表达的影响，最终使工程菌中紫杉烯的生产浓度达到每升 20 毫克，大大提高了紫杉醇合成、生产的效率。

除了抗癌“明星”紫杉醇，博来霉素、放线菌素、丝裂霉素等也是由微生物产生的具有抗肿瘤作用的抗生素，可见微生物在制药工业中扮演着越来越重要的角色。

为什么微生物细胞工厂如此受人青睐呢？

相比于传统的植物提取、化学合成，利用合成生物学技术构建的微生物细胞工厂生产，具有不受外界环境影响、易于大规模培养、遗传操作简单以及绿色环保等诸多优势。随着分子生物学以及生物信息学的发展，对宿主细胞的改造及生物合成基因表达调控将越来越容易，相信越来越多的药用天然产物将会通过微生物细胞工厂实现大量生产。

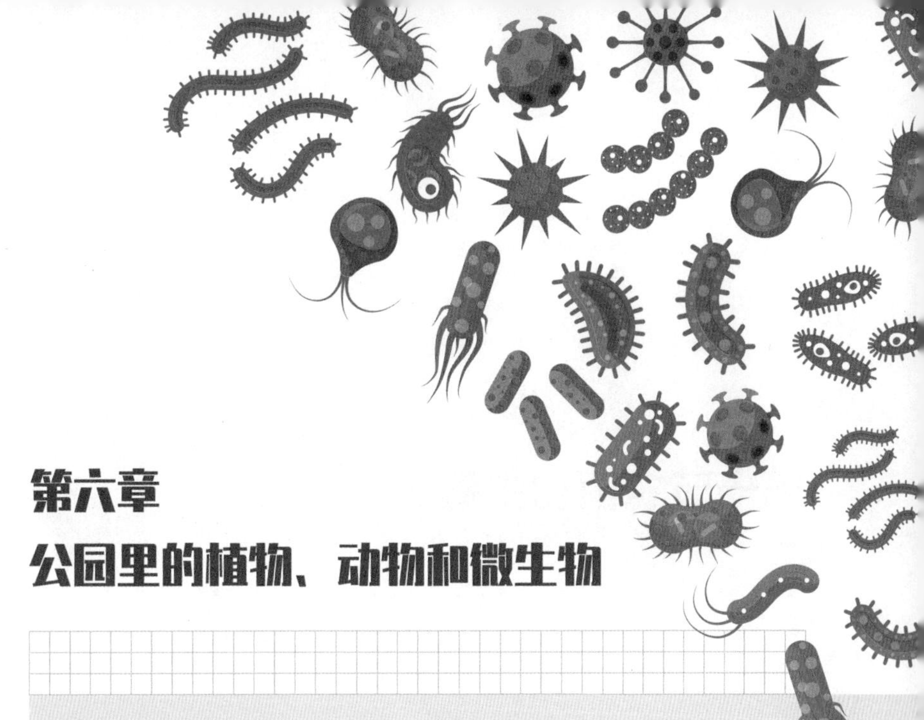

第六章
公园里的植物、动物和微生物

本章主要介绍引起植物和动物疾病的常见微生物（包括细菌、真菌和病毒）、微生物作为内生菌对植物的作用、动物共生菌对动物的重要意义以及微生物作为分解者在生态系统中的作用（即动植物遗体、动物排泄物与微生物的关系）。

第一节　植物生病了

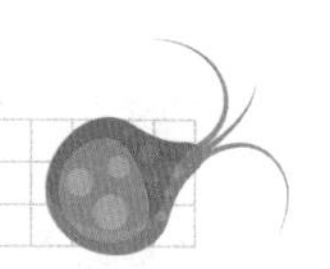

今天微生物兴趣小组的同学们又来到了奥林匹克森林公园，大片翠绿的冬青树映入大家的眼帘，真是放松眼睛的好机会。

佳佳想起，姜老师在第一节课时就用冬青叶上的菌斑举例，说明了微生物无处不在、数量庞大，不由得又仔细观察起眼前冬青树的叶子，果然又发现了许多黄褐色的斑点，忙拿给姜老师看。

姜老师点点头说："是真菌引起的植物锈病。"

锈菌是专性的植物寄生真菌，能感染植物的叶、茎和果实，引起植物病害。植物被锈菌侵染的部位由于孢子的堆积会出现不同颜色的突起粉堆或毛状物，有的还会在枝干上引起肿瘤。受锈菌侵染的叶片会变黄，甚至全株叶片枯死、脱落，花梗变色，花蕾凋谢脱落，严重影响植物的生长和发育。锈菌分布广，危害性很大，不仅可以感染许多花卉，如牡丹、月季和菊花等，影响花卉的观赏性，还可以危害禾谷类粮食作物和豆科植物，如侵染小麦引起小麦叶锈病、小麦秆锈病和小麦条锈病（图 6–1 上排左图），导致小麦减产甚至绝收，给小麦生产带来严重损失。

除了锈菌，还有一些真菌也能引起植物病害，比如镰刀菌属的多个种可引起小麦赤霉病（图 6–1 上排中图），这种病可发生于苗期到穗期，主要危害穗部，造成烂穗头，导致小麦出粉率低，面粉质量差，而且病麦粒中含有毒素，人畜食用后会造成食物中毒。白粉菌专性寄生于多种种子植物的叶片上形成灰斑或白色粉状物，从植物中吸收水分和营养，阻碍植物生长，甚至导致植物生长停滞。白粉菌可引起小麦白粉病（图 6–1 上排右图）、葡萄白粉病、苹果白粉病和杧果白粉病（图 6–1 下排左图）等，给很多经济作物带来危害。纹枯病

小麦条锈病　小麦赤霉病　小麦白粉病
杧果白粉病　水稻纹枯病　桃软腐病

◎ 图 6–1　真菌引起的植物病害
（中国农业科学院植物保护研究所彭焕、中国科学院昆明植物所郭建伟供图）

是在禾本科植物（如水稻，图 6–1 下排中图）中常见的一种真菌病害，植物的叶鞘、茎秆甚至穗部被侵染，形成云纹状病斑，严重时导致植物死亡，影响作物产量。

软腐病不仅可以由根霉属真菌引起，如根霉引起的桃软腐病（图 6–1 下排右图）；也可以由细菌引起，如由欧文氏菌引起的白菜（图 6–2）、番茄等植物软腐病。病原菌主要侵犯植物多汁肥厚的器官，如块根、块茎和果实等，导致这些组织器官腐烂。

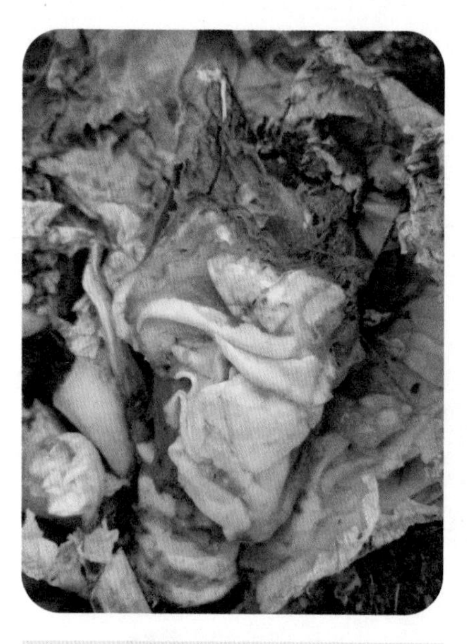
◎ 图 6–2　白菜软腐病
（中国科学院昆明植物所郭建伟供图）

“既然真菌和细菌都可以引起软腐病，植物被感染之后的表现有区别吗？”小宇提出疑问。

姜老师回答道：“我们可以从真菌和细菌的结构与生长代谢特点上找到答案。由于真菌具有菌丝和孢子结构，所以真菌感染之后常有霉状物出现。细菌引起的病害没有霉状物，但细菌感染之后代谢产物带有恶臭气味。这就是两者的区别。”

听完姜老师的讲解，同学们不由得点点头。

引起植物病害的细菌还有黄单胞菌，该菌侵染水稻、黄瓜或魔芋等植物的叶片后引起细菌性叶枯病（如魔芋叶枯病，图 6–3），叶片上出现黄褐色斑块，甚至枯萎。黄单胞菌侵染水稻时，轻者使水稻出米率低，重者造成稻株大量枯死，极大影响产量。

“刚种下去的植物都是很健康的呀，是怎么被病菌感染的呢？这些引起植物病害的病菌是从哪里来的呢？”小磊忍不住提问。

◎ 图 6-3 魔芋叶枯病
（中国科学院昆明植物所郭建伟供图）

“刚种下去的植物可不一定都是完全健康的哦。”姜老师耐心地解释道，“有的种子上就有病菌寄生，比如镰刀菌的菌丝体就可寄生在种子上，播种之后引起赤霉病。病菌还可能来自周边的杂草、患病的植株或植物残体，病菌也可随患病植株残体留存于土壤中，造成植物大面积受染。真菌和细菌传播的主要动力是气流和雨水等。真菌的孢子会随风四处飘散或随水漂流，然后附着于植物表面，穿透植物表皮引起植物病变。细菌无法穿透植物表皮，需要依靠植物体表的自然孔口（比如气孔和水孔）或者伤口，以水作为介质侵入植物。适宜的温度（22—30℃）和湿度高的环境有利于病原菌的生长繁殖和扩散，因此植物病害容易发生在适温高湿的条件下，连续阴雨天气会加重植物病害。”

同学们一边听姜老师讲解，一边观察着各种植物。姜老师又提到病毒也可以引起植物病害。

“同学们知道人类发现的第一种病毒是什么吗？”

同学们争先恐后地回答：“我知道，是烟草花叶病毒。”“对，俄国科学家伊凡诺夫斯基是世界上第一个发现病毒的人。”

姜老师说道：“没错，烟草花叶病毒就是一种植物病毒，被感染的植物叶片会变成黄绿相间的花叶，或者枯黄，出现坏死斑，或叶片变形，或者植株矮化，花朵的颜色也会改变，出现杂色。”

有意思的是，早在 18 世纪，人们就利用病毒感染引起植物叶片和花颜色的改变，来产生新的花卉品种。比如感染郁金香碎色病毒之后，郁金香的花朵颜色不再单一，而是在原有颜色基础之上出现不同颜色的花斑和条纹（图 6-4），看起来绚丽奇特，这种杂色花受到人们的喜爱。

病毒是专性细胞内寄生的微生物，需要在细胞内才能增殖，而且感染具有特异性，比如郁金香碎色病毒一般只侵染郁金香和百合。植物细胞具有纤维素构成的细胞壁，可以抵抗病毒的入侵，因此植物病毒一般通过植物的伤口才能侵入，比如植物病毒可以通过叶面轻微伤

◎ 图 6-4 感染郁金香碎色病毒的杂色郁金香

口入侵，也可通过嫁接或带病毒的繁殖材料（如块根和鳞茎等）以及种子、花粉等进行传播，或者借助动物（如蚜虫和飞虱等昆虫，以及螨虫等节肢动物）造成的植物轻微伤口进行传播。

通过前面的介绍，同学们了解到细菌、真菌和病毒都会侵染植物，那么被微生物感染之后，植物难道会“无动于衷”吗？“植物有哪些抗病的机制呢？”同学们又提出了新的问题。

植物在与病原微生物较量的过程中，逐渐进化出一系列复杂的防御机制。植物本身的某些结构是抵抗病原微生物入侵的天然物理屏障。例如，植物细胞壁中含有木质纤维素这种复杂的成分。木质纤维素的主要组分是纤维素、半纤维素和木质素，它们形成坚固的网状结构，可以有效抵抗病原微生物的入侵。植物还会合成一些具有抗菌作用的化合物，比如酚类物质和皂角苷等。当植物体有病原微生物入侵之后，会通过木质化作用和激活胼胝质合成等方式加固和修复细胞壁，或者改变气孔形态限制病原微生物侵入，以此来加强物理防御。此外，植物还会合成一些酶和酶抑制剂来抵抗病原微生物的入侵；通过超敏反应使被病原微生物侵染的植物细胞迅速死亡，导致病原微生物不能从植物细胞中获取营养，从而限制病原微生物在植物体内的生长繁殖与扩散。

胼胝质

胼胝质是一种 β-1,3 葡聚糖，它的合成与沉积有利于加固细胞壁，从而抵抗病原微生物的入侵。胼胝质的合成需要 β-1,3 葡聚糖合成酶，而该酶在植物细胞内以非活性状态存在，病原微生物的入侵能将其激活，从而合成胼胝质。

“在这场角逐中，病原微生物为了自己的利益也进化出了一系列方式来抑制植物的防御反应，一旦植物的防御系统被打破，最终就会表现出病症来。”姜老师补充道。

同学们不由得同情起被微生物侵染的植物来，小宇问道：“那我们能够怎么帮助植物，防止它们被微生物侵染呢？”

“是不是也可以从传染病传播的三个基本环节——传染源、传播途径和易感个体三方面来采取措施呢？”小磊想起来之前学过的传染病及其预防的知识。

姜老师点点头，继续说道：“小磊说得很对，我们的确可以从这三方面入手。首先是要控制引起植物疾病的微生物来源，比如种植未患病的幼苗或播种不带病原菌的种子，采用不带病毒的繁殖材料。其次是要注意清除种植区附近的杂草和患病的植株残体，还可以采用生物防治，利用具有拮抗作用的微生物，通过与病原微生物竞争营养和生存的空间，分泌抗生素等杀菌物质，来达到杀死或抑制病原微生物生长繁殖的目的。消除传播媒介，切断传播途径，还需要驱避蚜虫和飞虱等昆虫。最后是要从植物本身入手，培育抗病的植物品种，并且加强田间管理，提高植物的抗病能力。总的说来，防止植物被微生物侵染，需要采用农业栽培管理措施与药剂防治相结合的综合策略。”

听完今天的微生物兴趣课，很多同学不禁感慨，从播种种子到培育成幼苗，到稻谷、小麦成熟收割，再到碾出米或磨成面，进入千家万户，最后变成餐桌上的食物，中间有太多的辛劳与不易，凝结了许多人的汗水，大家对于珍惜粮食又有了更加深刻的理解。

第三节　植物的好伙伴——内生菌

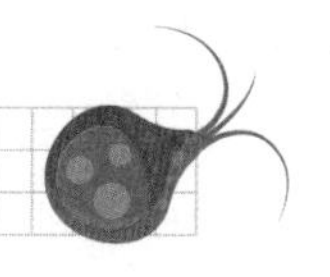

同学们在认识了能使植物生病的微生物以后，又提出了新的问题："如果植物没有生病，那它的体内会存在微生物吗？"

于是姜老师就把植物体内生菌作为这节课的讨论话题。

姜老师说："目前的研究表明，自然界中几乎所有的植物体内都有真菌、细菌或放线菌存在，这些微生物菌被称为植物内生菌。植物为内生菌提供栖息地。内生菌可以分布于植物的根、茎、叶、花、种子和果实等器官，在植物细胞内或者细胞间隙进行生长繁殖。"

听着姜老师的介绍，同学们自然而然地想到一个问题，那就是这些内生菌是从哪里来的呢。

姜老师引导道："请同学们结合植物病原菌的来源，想一想内生菌可能来自哪里。"

同学们又开始了头脑风暴，踊跃发言。

“是通过植物表面的伤口或者孔口进入植物体内的吗？”

“如果内生菌在种子中存在的话，就能够长期在同种植物中进行垂直传播，稳定地传给后代。”

姜老师不停地点头：“没错。在与内生菌长期共存和进化的过程中，植物会将一些具有重要作用的内生菌保留于种子中，传给后代。土壤中的微生物也可以通过植物根部侵入宿主植物体内。”

植物内生菌种类繁多。对于一种植物而言，可分离到的内生菌少则几种，多则上百种，包括真菌、细菌或放线菌等。其中，内生真菌绝大多数属于子囊菌门，比如链格孢属、青霉属和镰刀菌属等，还有一部分属于担子菌门；内生细菌主要包括假单胞菌属、肠杆菌属、芽孢杆菌属、土壤杆菌属、克雷伯菌属、泛菌属和甲基杆菌属等；内生放线菌主要为链霉菌属、链轮丝菌属、游动放线菌属、诺卡菌属和小单孢菌属等。不同植物中分离到的内生菌不同，同一植物的不同组织器官中内生菌的种类也存在差异，这可能是由于不同的内生菌生长繁殖所需要的环境条件和营养物质不同，对营养物质的利用能力也各异。因此，植物的种类、生长发育阶段以及外界环境等因素都会影响内生菌的群落变化。

那么，植物内生菌对植物具有什么作用呢？

首先，内生菌能够促进宿主植物的生长。内生菌产生具有促进植物生长的代谢产物，比如细胞分裂素、生长素、赤霉素、脱落酸和玉米素等。印度梨形孢通过产生细胞分裂素来促进拟南芥的生长，产酸克雷伯菌分泌的生长素对水稻的生长发育具有明显的促进作用。内生菌还能将环境中的氮、磷和钾等营养元素转化成植物可以利用的形式，提高植物对这些营养物质的吸收利用率，促进宿主植物的生长。比如某些微生物具有“溶磷解钾”的作用，也就是可以使土壤中不溶性的磷酸盐转化为可溶性磷，分解土壤中大量存在的含钾矿物并释放出钾元素，从而促进植物的吸收。固氮微生物和豆科植物共生形成根瘤，通过生物固氮作用将大气中的氮气还原为氨，供豆科植物利用。非豆科植物（如水稻、玉米、高粱和甘蔗等）也具有内生固氮细菌。某些内生菌能够合成并分泌铁载体，从环境中高效获取铁，宿主植物可以吸收细菌的铁载体，从而有利于植物对环境中铁元素的吸收和利用。还有研究表明，内生真菌能通过提高植物的叶绿素含量和净光合速率等方式，来增强宿主植物的光合作用，进而促进植物生长。

其次，植物在生长过程中会受到环境中多种非生物因素（干旱、盐和重金属等）和生物因素（昆虫、食草动物及病原微生物等）的干扰与胁迫，造成生长受阻甚至死亡，而植物内生菌能提高植物的抗胁迫能力。

在胁迫条件下内生菌能诱导植物的应激反应，比如增强宿主抗氧化酶的活性，诱导抗逆基因的表达等，从而提高植物抵抗干旱、高盐以及重金属这些非生物胁迫的能力。内生菌可以通过螯合作用等机制减轻环境中高浓度金属对宿主植物的毒害。此外，在有内生菌存在时，宿主植物的盐耐受能力也可以增加。

内生菌能够产生或者诱导宿主植物产生多种类型的抗菌物质，如肽类、聚酮类、萜类、多酚类、有机酸类和生物碱类（如细胞松弛素），可以抑制或杀伤植物病原体。内生菌产生的纤维素酶、几丁质酶和葡聚糖酶等，可以降解病原真菌的细胞壁，达到防病的效果。例如，印度梨形孢通过诱导宿主的系统抗性来增强拟南芥对白粉病的抵抗能力。内生菌还会与植物病原菌争夺营养和生态位，来拮抗病原菌，比如水稻内生真菌通过竞争铁元素来抑制水稻纹枯病。内生真菌的次级代谢产物，如麦角酰胺，会对植食性动物产生毒害，从而避免这些动物对植物的破坏。植物内生菌从图 6-5 中列举的三个方面来增强植物的抗病和抗捕食能力。

“哇！原来内生菌对植物有这么多好处，怪不得植物需要内生菌呢。”听着听着，凌凌不由得发出感叹。

“是呀，不仅植物离不开内生菌，有一些植物内生菌对动物和人类也有重要意义。植物内生菌产生的抗菌物质，比如某些肽类抗生素，能抑制白色念珠菌和新生隐球菌这些动物和人类的病原性真菌。我们前边讲过具有抗肿瘤作用的紫杉醇以及其他生物碱类物质也都是

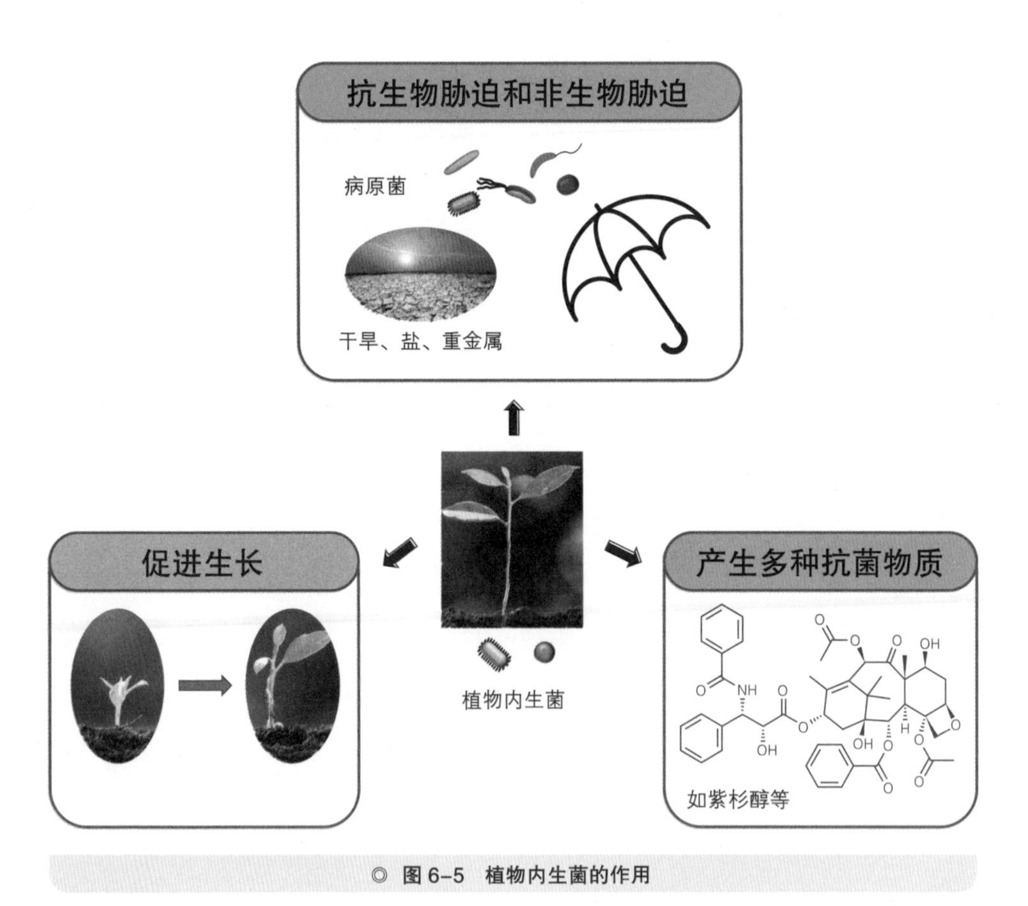

◎ 图 6-5　植物内生菌的作用

植物内生菌合成的。”姜老师补充说道。

小宇又提出质疑：“难道内生菌对植物一点害处都没有吗？”

姜老师回答道：“也不是完全没有害处。植物内生菌产生的某些次生代谢产物，对邻近植物或者其他种属植物具有抑制生长或者杀灭的作用。”

姜老师刚说到这儿，凌凌插嘴道：“那我们是不是可以利用内生菌来去除杂草呢？”

姜老师回答说：“确实，内生菌是开发微生物源除草剂的重要资源。不仅如此，我们还可以利用植物内生菌作为生物吸附剂，通过富集环境中的重金属来修复被污染的环境；也可以利用植物内生菌制成生物肥料来促进植物生长；或者制备内生菌剂来防治病虫害；内生菌或植物产生的丰富次生代谢产物，具有多种生物学活性，可以作为医药、美容和保健品行业中重要的化合物来源，开发抗菌药物和营养添加剂等。”

通过本次微生物兴趣课程的学习，同学们对植物内生菌有了全面的认识，小小的微生物，具有不容忽视的作用，它还可以成就大大的产业。

第三节　动物也会生病吗？

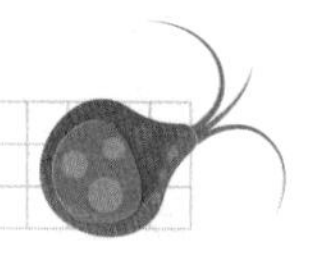

微生物兴趣小组的同学们正在奥林匹克森林公园观察植物，灌木丛中突然跑出来一只小黄狗。很多同学都被小狗吸引了，逗着小狗玩儿，有的同学还拿出零食放到手心，让小狗过来吃。

姜老师发现这可能是公园里生活的一只流浪狗，便提醒同学们注意安全，警惕狂犬病。同学们迫不及待地说：“姜老师，快给我们讲讲，狂犬病是怎么回事？”

姜老师介绍道：“狂犬病是由狂犬病病毒引起的传染病，病毒可以在狗、猫、牛、羊等多种宠物或家畜，以及狼、狐狸、松鼠等野生动物中引起自然感染，患病动物的唾液中含有大量病毒，动物间打闹厮咬会使健康动物被感染。如果人被这些动物抓伤或者咬伤，动物唾液中的病毒就会从伤口进入人体使人感染。”

佳佳好奇地问道：“如果皮肤没有伤口，和这些动物接触还可能患狂犬病吗？”

姜老师回答："也有可能。狂犬病病毒不仅可以通过皮肤伤口，也可以通过黏膜侵入机体。如果被患病动物舔了口腔或者眼结膜等黏膜部位，也是可能被感染的。"

"可是我看这只小狗挺温顺的呀，不像患狂犬病的样子。"小磊说道。

"狂犬病的传染源不仅仅是发病的动物，隐性感染动物虽然没有明显症状，由于带有狂犬病病毒，它也是传染源。更重要的是，被狂犬病病毒感染之后，不一定立即发病，一般会经历3—8周的潜伏期，有的短至10天，长的可以达数年。狂犬病病毒需要在易感动物或人的中枢神经细胞中增殖，因此潜伏期的长短取决于被咬伤部位距离头部的远近以及进入伤口的病毒量。"姜老师耐心地解释道。

听了姜老师的介绍，喂食小狗的同学不由得收回了自己拿着零食的手。逗小狗玩的同学赶紧检查自己刚才被狗舔过的部位有没有伤口。

姜老师继续说道："家养的狗或猫等宠物，需要按照动物防疫要求进行疫苗接种。野狗和野猫通常没有进行预防接种，所以被病毒感染的可能性很大，要尽量避免与野猫、野狗密切接触。刚才被小狗舔过的同学，现在去卫生间用肥皂水洗手吧。肥皂水可以使狂犬病病毒失去感染性。如果皮肤完好就不需要注射疫苗。如果被咬伤或者抓伤，皮肤有破损，就需要及时注射狂犬病病毒灭活疫苗，激发机体的主动免疫能力，产生抗体来保护机体。如果伤得很严重，还要及时联合使用抗狂犬病免疫球蛋白进行被动免疫。"

介绍完狂犬病病毒和狂犬病之后，姜老师又趁热打铁，继续为同学们介绍常见的动物疾病以及相关的病原体。

肾综合征出血热是在鼠类活动猖獗的地区易发的传染病，病原体是汉坦病毒。鼠类是汉坦病毒主要的宿主动物和传染源，其唾液、尿液和粪便中都带有病毒，人或动物通过呼吸道、消化道感染该病毒，或密切接触患病动物的唾液、尿液和粪便而被感染。防鼠灭鼠，以及注射肾综合征出血热疫苗，是疫情高发地主要的预防措施。

小宇举手发言："那就是说，如果我们的食物保存不得当，被带有汉坦病毒的老鼠偷吃的话，食物上就会带病毒，如果我们摄入这样的食物就有患出血热的风险。"姜老师肯定地点点头。

在第二章第五节"病毒与人类疾病"部分，我们了解了流感病毒。在甲型流感病毒中，高致病性禽流感病毒（如 H5N1 和 H7N9）使禽类（鸡、鸭和鹅等）感染禽流感，猪流感病毒（如 H1N1）使猪感染猪流感，病毒侵犯呼吸道，引起呼吸系统以及全身的严重症状，这些病毒在相应动物之间的传染性强，危害大，也能传染给人。

猪瘟病毒引起的猪瘟是一种急性的猪传染病，以高热、内脏器官严重出血和高死亡率为主要特征。猪是该病的唯一自然宿主，病猪是主要的传染源，病毒主要通过接触在猪群中传播。非洲猪瘟由非洲猪瘟病毒引起，其症状与猪瘟相似，也是一种急性的动物疫病。一旦发现禽流感、猪流感、猪瘟和非洲猪瘟的病例，应该及时上报相关部门，及时处置患病动物，并进行无害化处理，彻底消杀动物饲养场、活禽交易市场和肉类交易市场，避免造成疫病在动物中和人群中更大范围的传播。

还有一类病毒叫虫媒病毒。吸血节肢动物（蚊、蜱和白蛉等）叮咬血液中带有病毒的脊椎动物（鸟类、家畜和灵长类动物）而被感染，并终身带毒。病毒在节肢动物体内增殖，并经卵传代。带毒的节肢动物叮咬使病毒在动物之间、动物与人类之间进行传播（图 6-6），节肢动物既是病毒的传播媒介，又是储存宿主。登革病毒是引起登革热和登革出血热的病原体。由于登革病毒通过蚊子叮咬进行传播，所

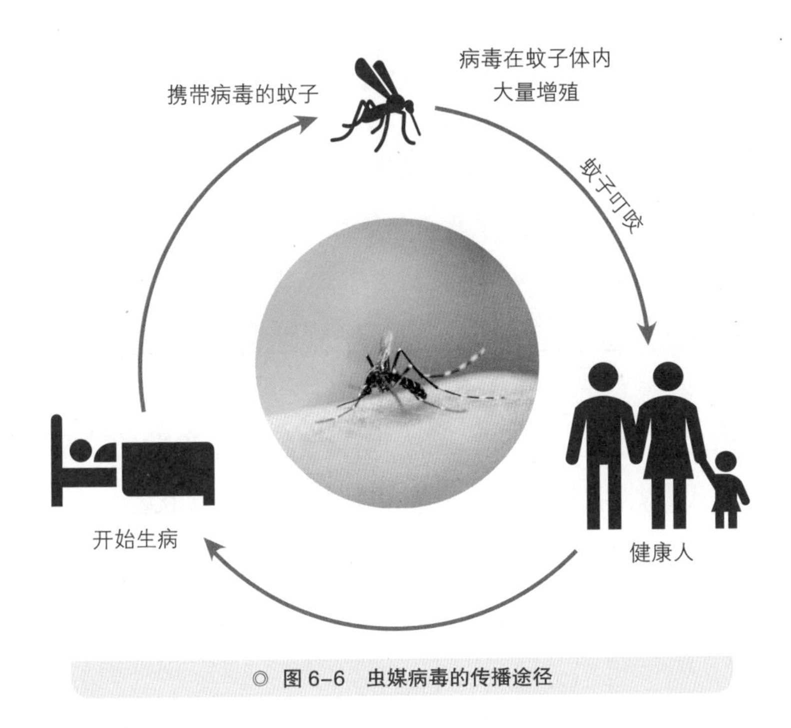

◎ 图 6-6 虫媒病毒的传播途径

以登革热流行于蚊子活动猖獗的热带和亚热带地区，以及气温较高的夏季。近年来，我国南方多个省市在夏季频发登革热。在登革热高发地区，夏季一定要注意防蚊灭蚊，在公园或小区散步的时候最好穿长袖上衣和长裤进行物理防护，并配合使用驱蚊剂。

看到同学们聚精会神、兴致勃勃的样子，姜老师微笑着继续为同学们介绍常见的动物疾病和相关的动物源性细菌。

有的农贸市场上售卖现挤的鲜牛奶或鲜羊奶，有的人认为越新鲜的越健康，也越有营养，就买来直接喝，这样做有可能会患布鲁菌病（简称“布病”）。布鲁菌病是一种人畜共患的传染病，我国一些地区出现过羊布鲁菌病和牛布鲁菌病，症状为母畜出现流产，患病动物还可表现出乳腺炎和公畜睾丸炎等症状。牛或者羊被布鲁菌感染后会经乳汁、粪便和尿液排出病原菌，人接触病畜或被污染的畜产品时，

动物源性细菌

布鲁菌属、鼠疫耶尔森菌和炭疽芽孢杆菌引起的疾病，通常是动物作为传染源或储存宿主，人通过接触病畜及其污染物等途径引起感染，动物和人类都会被感染，即发生人畜共患病，这些细菌就是动物源性细菌。

通过呼吸道、消化道、皮肤、黏膜或眼结膜被布鲁菌感染而患布病，表现为波浪式发热、多汗、关节痛和肝脾肿大等症状。

“鲜牛奶经过加热消毒杀菌之后再喝，就可以避免感染布鲁菌吧？”小磊问道。

“是的。消毒可以杀死物体或环境中病原微生物。家庭中最简单的方法就是将鲜牛奶加热煮沸 5—10 分钟，并且在两天内饮用完。”姜老师说道，“我们购买的乳制品一般都采用前边讲过的巴氏消毒法或超高温瞬时灭菌技术处理过。”

炭疽芽孢杆菌会引起牛、羊等食草动物患炭疽病，人如果吃了病畜的肉、奶或其他被污染的食物则可能患上肠炭疽；皮肤接触了病畜或者它们的皮毛，可能患皮肤炭疽；如果吸入含大量炭疽芽孢杆菌的尘埃则可能患肺炭疽。

超高温瞬时灭菌

在常温下能够保存半年之久的乳制品，在制备时灭菌通常采用的是超高温瞬时灭菌技术，即在 138—150℃的条件下加热 2—8 秒钟，其中的微生物包括芽孢均被杀死。

鼠疫的传播过程（图 6–7）又有所不同。啮齿类动物，如鼠类、旱獭等感染鼠疫耶尔森菌会患鼠疫，它们是病原菌的储存宿主。鼠蚤是主要的传播媒介，鼠蚤的叮咬会造成鼠疫在动物中的流行，并可传染给人。鼠疫在人和人之间通过人蚤或者呼吸道飞沫进行传播。因此，患病的啮齿类动物和人都是鼠疫的传染源。

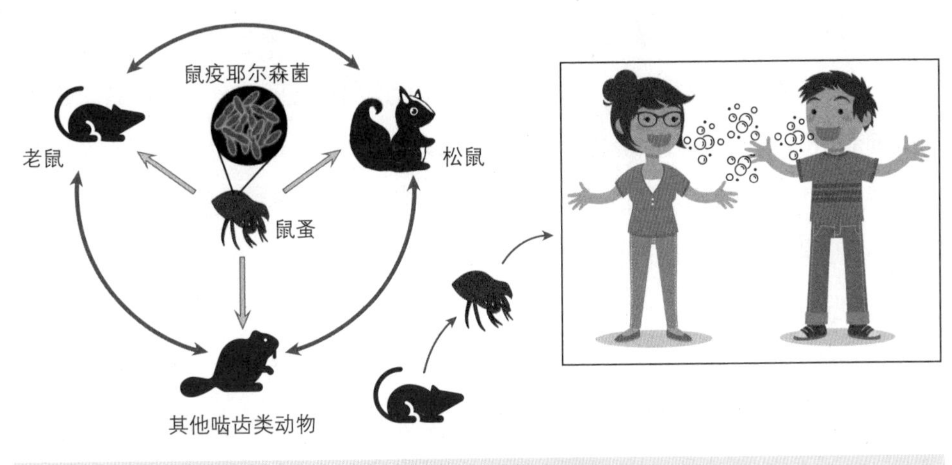

◎ 图 6–7　鼠疫的传播过程

真菌也能使动物生病。马拉色菌是嗜脂性酵母型真菌，广泛存在于人和多种动物（如猫和狗）的皮肤表面，属于条件致病性真菌。在机体免疫力低下和皮肤皮脂腺分泌旺盛时，该菌依赖皮肤分泌的油脂大量繁殖，引起人和动物的真菌性皮肤病——花斑癣、马拉色菌毛囊炎和脂溢性皮炎，表现为瘙痒、皮屑、脱毛和红色丘疹等症状。第二章中提到的皮肤癣菌也能引起人和动物的真菌性皮肤病，人和动物之间通过接触互相传染。预防真菌性皮肤病，一方面要注意皮肤的清洁，保持环境卫生，另一方面就是要增强机体免疫力，防止条件致病菌感染。

荚膜组织胞浆菌和新生隐球菌均属于酵母型真菌。荚膜组织胞浆菌存在于流行地区的土壤和空气中，可引起肉芽肿性病变，人或动物吸入带菌尘埃会出现急性肺部感染。新生隐球菌在土壤、鸟粪尤其是鸽粪中大量存在，由呼吸道吸入引起肺部感染，随后可扩散至全身其他部位，引起人和动物的隐球菌病。

还有一类动物的真菌性疾病由真菌毒素引起，产生毒素的真菌大多属于霉菌，包括曲霉属、青霉属、镰刀菌属、交链孢霉属和麦角菌属的一些菌种。这些产毒真菌污染动物的饲料或饲草，在一定条件下（如饲料水分含量、环境温度和湿度以及空气流通情况适宜），生长繁殖并产生毒素，常见的是前边讲到的黄曲霉毒素，还有黄绿青霉毒素、镰刀菌毒素和交链孢霉毒素等，动物摄入含毒的饲料或饲草会出现真菌毒素中毒。

微生物病原体引起动物的疾病，患病动物又将病原体直接或者借助于媒介动物传播给其他动物或者人类。因此，动物既可以充当传染源，也可以充当传播媒介和储存宿主。

预防这些疾病，要做到控制传染源，合理处置患病动物和带病原体的污染物；切断传播途径，消除传播媒介，比如防蚊灭蚊灭蚤；保护易感对象，对健康动物和高危人群接种疫苗，提高机体免疫能力。

第四节　动物的好帮手

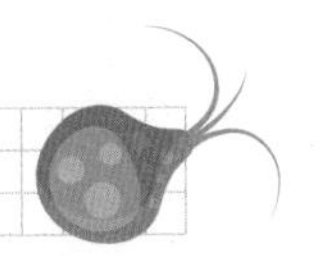

某些植物内生菌是帮助植物抵抗病害的好帮手，那么动物是否也有好帮手呢？本次微生物兴趣小组课，姜老师将带同学们探知作为动物好帮手的微生物，以及它们所发挥的作用。

在第三章中，我们介绍了人体具有正常菌群，动物的体表、消化道等处也有正常菌群，对动物的生存发挥着至关重要的作用。

在牛、羊、鹿和骆驼等反刍动物的瘤胃中，栖息着多种多样的微生物，包括细菌、真菌和原生动物，以及古菌，还有少数噬菌体，它们被统称为瘤胃微生物（图 6–8）。这些微生物构成十分复杂的微生物系统，也是庞大的菌种资源库。宿主动物为瘤胃微生物提供栖息环境和生长所需的养分；瘤胃微生物帮助宿主消化自身不能消化的粗纤维（如纤维素、半纤维素和木质素），并且合成大量菌体蛋白，为宿主提供能量和养分。

瘤胃中细菌数量巨大、种类繁多，占瘤胃生物量的 50%—80%，

知识框 古菌

基于对 16S（18S）rRNA 基因序列的研究结果，卡尔·乌斯（Carl R. Woese）于 1977 年提出，古菌是不同于细菌和真核生物的特殊类群，生物分类的“三域学说”由此建立，即将具有细胞结构的生物分为真核生物域、细菌域和古菌域。

古菌域包含多个门类，产甲烷菌属于广古菌门。古菌除了产甲烷菌，还有极端嗜盐古菌、硫酸盐还原古菌以及嗜酸嗜热古菌等。

◎ 图 6-8 瘤胃微生物
（a、b、c 刘双江供图，d 付善飞供图）

大多数为厌氧菌和兼性厌氧菌，主要有纤维素降解菌、淀粉降解菌、半纤维素降解菌、蛋白质降解菌、脂肪降解菌、酸利用菌和乳酸菌等。瘤胃中的真菌能降解饲料中的植物纤维，还与瘤胃中的细菌存在互利共生的合作关系。瘤胃中的原生动物最常见的是纤毛虫和鞭毛虫，原生动物蛋白质具有较高的生物学价值，因而能给瘤胃动物提供更多、更有效的蛋白质。另外，一些原虫可以消化纤维素。瘤胃中的古菌为产甲烷菌，能够将其他微生物发酵产生的甲酸、二氧化碳和氢气转化成甲烷，从中获取能量。然而，甲烷不能被动物利用，而是以嗳气的方式排放到体外，进入大气。反刍动物产生的甲烷是大气中甲烷的一个重要来源。

姜老师刚说到这儿，凌凌就好奇地问道："既然动物不能利用甲烷，甲烷还是一种温室气体，那么瘤胃中为什么还需要产甲烷菌呢？"

姜老师回答道："产甲烷菌也消耗掉了微生物发酵产生的氢气，而瘤胃发酵的顺利进行需要低氢气的环境，因此，产甲烷菌对于维持瘤胃中的正常氢气分压有着重要的意义。"

小宇接着问道："一定要用产甲烷菌消耗氢气吗？别的方式不可以吗？"

姜老师点点头，赞许道："很好的问题和思考方向。有研究表明，将硝酸盐作为饲料添加剂时瘤胃中甲烷产量降低，而对微生物蛋白质合成没有影响。因此，我们可以通过科学的方法来消耗氢气降低甲烷产量，也可以选育具有高效降解能力的菌种，将其应用于动物饲料的生产、开发和利用，这是反刍家畜养殖产业中节约成本、增加经济效益的重要途径。"

瘤胃微生物的群落结构与宿主动物的种类、品种、日粮结构、饲料添加剂有关，宿主动物不同的生理和病理状态也会影响瘤胃微生物的群落结构。

不仅是反刍动物的瘤胃微生物，动物肠道中的共生微生物也能帮助宿主动物消化降解食物，合成营养物质，参与宿主动物的营养代谢和生长发育。

果蝇的肠道微生物不仅可以作为宿主富含蛋白质的食物来源，还能够为宿主提供 B 族维生素，特别是硫胺素（维生素 B_1）和叶酸（维生素 B_9）。研究表明，黑腹果蝇肠道中的甲醛醋酸杆菌具有向宿主提供硫胺素的功能。果蝇肠道微生物可以通过宿主的营养传感信号通路来改变宿主的营养分配模式，在低营养或不平衡饮食的情况下，减少果蝇对食物中 B 族维生素的需求，促进对蛋白质营养的需求，并抑制能量的储存。研究表明，肠道共生菌产气荚膜梭菌能帮助果蝇消化食物，提高果蝇对营养物质的利用，并能刺激其肠道分泌消化酶，最终促进果蝇的生长和发育。研究中清除果蝇肠道细菌后发现，果蝇体内的类胰岛素代谢中心出现紊乱，导致果蝇代谢失衡。甲醛醋酸杆菌通过调节果蝇体内胰岛素生长因子信号来调节宿主稳态，从而控制果蝇的发育速度和能量代谢。植物乳杆菌通过激活胰岛素信号通路来保持宿主肠道（微生态）的稳态，促进果蝇的生长发育。肠道共生菌影响果蝇的营养偏好，也会影响它的寿命、运动行为、交配行为和生殖功能。因此，果蝇的正常生长、发育和代谢与肠道微生物息息相关。

肠道微生物还能够提高宿主动物的防御和解毒能力。用抗生素消除动物肠道的共生菌之后，宿主动物对病原菌的抵抗能力显著下降。肠道微生物能够与入侵宿主的病原菌竞争定植位点、争夺营养，发挥对病原菌的拮抗作用，还能产生具有抗菌活性的物质，并促进宿主的免疫功能，以此帮助宿主抵抗病原菌的入侵（图 6–9）。

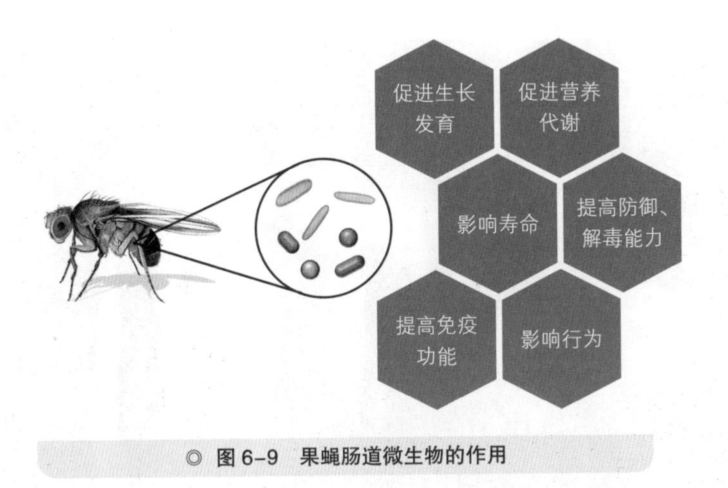

◎ 图 6-9　果蝇肠道微生物的作用

前面我们提到过，植物和植物内生菌能够产生一些次生代谢产物，对植食性动物产生毒害。动物肠道中的微生物也能够产生水解酶等一系列解毒酶，通过矿化作用或分解代谢作用，参与植物毒素以及其他毒性物质在宿主体内的代谢，将外源的有毒物质转变为无毒物质，协助宿主动物解除或者抵御有毒物质的损伤。蚜虫肠道共生菌能将体内产生的大量的氨转化为谷氨酸、天门冬氨酸并且循环利用，降低氨的浓度，以此发挥解毒作用。

白蚁在自然界分布广泛，常见于热带和亚热带地区，它们借助肠道内的共生微生物如细菌、古菌、真菌以及原生动物等产生的木质纤维素降解酶类来降解食物中的木质纤维素，对白蚁的生长与发育发挥着十分重要的作用。有一种培菌白蚁，它的共生真菌——鸡枞菌（图 6-10）可以为白蚁提供食物。鸡枞菌是一种名贵的食用真菌，味道鲜美，营养丰富，主要分布在我国的贵州和云南等地，整个生长周期都需要处于培菌白蚁的蚁巢中，培菌白蚁与鸡枞菌形成互利共生的关系。培菌白蚁为鸡枞菌提供适宜的生长环境，菌圃是白蚁培菌的场所，里面存在众多的细菌和真菌，其中鸡枞菌能产生多种糖苷水

◎ 图 6–10　鸡纵菌
（中国科学院微生物研究所赵瑞林供图）

解酶，降解复杂的碳水化合物并生长，白蚁则以生长的鸡纵菌菌丝为食物。

动物共生微生物并不是孤立存在的，共生微生物之间、微生物与宿主动物之间处于相互依存、相互制约的动态平衡之中。今天我们认识的只是动物共生微生物的一部分作用，小小的微生物发挥着重要的作用，还有很多功能需要我们在未来的学习和工作中去探索和发现。

第五节　自然界中的“全能选手”

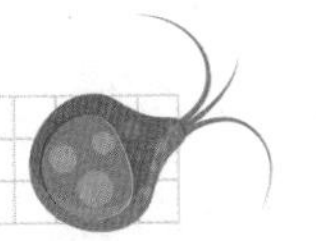

个体微小的微生物，对正常生活的动物和植物意义重大。那么，动物和植物死亡之后，微生物还会发挥作用吗？枯枝败叶、动物的尸体，最后都去哪儿了呢？都变成什么了呢？本节微生物兴趣小组课，姜老师将带领同学们一起探寻微生物在自然界中的作用。

姜老师开始介绍：“生态系统中有生产者、消费者和分解者。”

刚说到这儿，小宇就抢着发言：“我知道，我们学过生态系统。生态系统中的生产者是绿色植物。”小磊说：“动物是生态系统中的消费者，以植物和其他动物为食。”佳佳接着说：“微生物是生态系统中的分解者。”

姜老师点点头，肯定了同学们的发言，补充道：“在生态系统中，生产者不仅可以制造有机物，而且能在利用无机物合成有机物的同时，把太阳能转化为化学能，贮存在有机物中。正如小宇所说，生产者主要是进行光合作用的绿色植物，但是生产者不仅仅只有绿色植物，还有自养微生物，它们能以二氧化碳作为碳源，把无机物转化为有机物，利用太阳能作为能量来源的叫光能自养微生物，利用化学能作为能量来源的叫化能自养微生物，这些自养微生物也是生态系统中的生产者。”

腐生细菌、真菌和某些动物作为生态系统中的分解者，可以将动植物的残体分解为水、无机盐和二氧化碳，并在分解过程中获得能量和营养供自身利用，这些分解产物又被植物吸收和利用，制造出有机物，为消费者提供食物。如果缺少细菌、真菌和某些动物的分解作用，动植物的残体将堆积如山，生产者由于营养枯竭而不能生产，消费者会缺少食物来源，地球上的生命也就无法维持。

自然界中碳、氮、磷、硫等元素的循环离不开微生物的参与。空气中存在大量的氮气，植物无法直接利用，固氮微生物通过生物固氮作用将空气中的氮气还原为氨。动植物的遗体被微生物分解之后，其中的有机氮化合物被转化为氨（氨化作用）。在有氧条件下，土壤中的氨或铵盐在硝化细菌的作用下最终被氧化成硝酸盐（硝化作用）。生物固氮、氨化作用和硝化作用产生的无机氮，都能被植物吸收利用，被同化为植物体内的蛋白质、转变为有机氮化合物。动物以植物为食，将植物体内的有机氮转变成动物体内的有机氮。在氧气不足的条件下，土壤中的硝酸盐被反硝化细菌还原成亚硝酸盐，并且进一步将亚硝酸盐还原成氮气，氮气则返回到大气中，这一过程被称作反硝化作用。氮循环过程中，几乎处处都有微生物的身影（图 6–11）。

微生物在碳循环过程中同样必不可少。植物通过光合作用利用空气中的二氧化碳合成有机物，动物以植物为食又将植物体内的有机物转变为自身的有机物，动物和植物的呼吸作用会消耗体内的一部分有

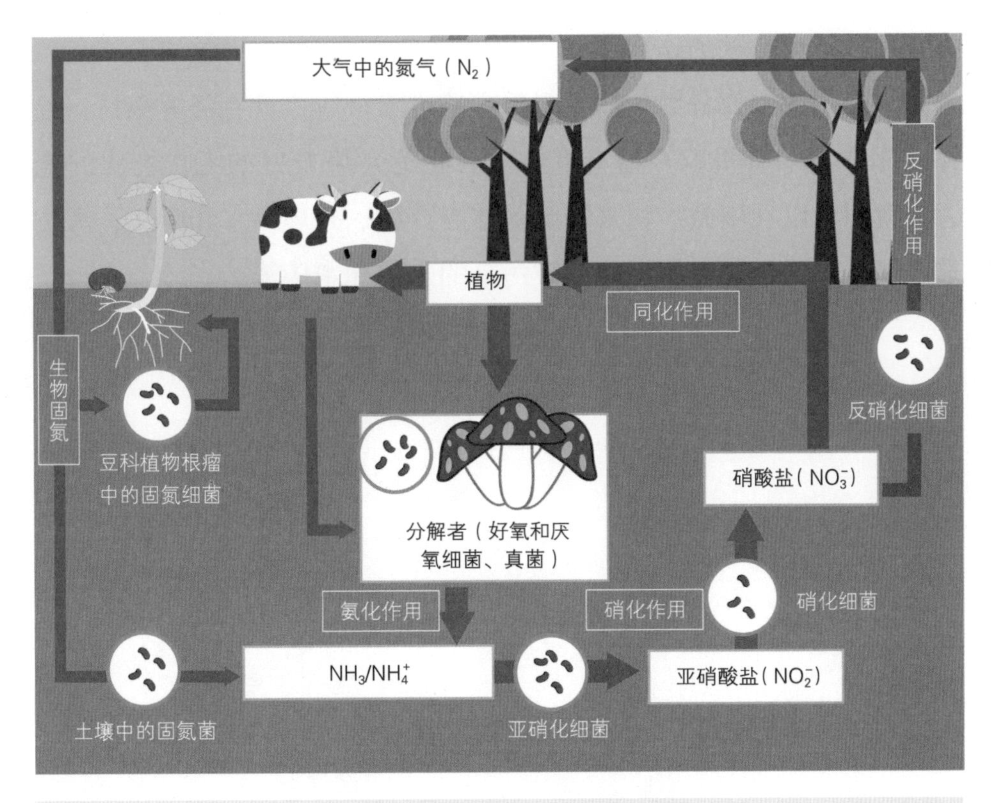

◎ 图 6-11　氮在自然界中的循环和转化过程

机物，转化为二氧化碳，释放至大气中，另一部分有机物则构成动植物的机体或在机体内贮存。动植物死亡后的残体被微生物分解，残体中的有机物又被转化成二氧化碳进入大气；一部分动植物的残体会形成化石燃料，如煤、石油和天然气等，在燃烧之后，其中的“碳”被氧化为二氧化碳排入大气。

正常生活的植物和动物需要内生菌、共生菌的帮助，微生物也会造成动植物的疾病，动植物死亡之后的残体需要微生物来分解。微生物可以作为自然界生态系统中的生产者，也可以作为分解者，参与自然界物质的循环利用，微生物真是名副其实的全能选手，在生态系统中发挥着不可或缺的作用。

不仅如此，部分微生物能耐受高浓度重金属，具有降解塑料、芳香族化合物等有机物、将有毒物质转化为环境友好的无毒物质的能力，我们可以利用微生物来降解固体废弃物、处理污水和废气、富集重金属，将微生物应用于修复被污染的土壤和水体等。

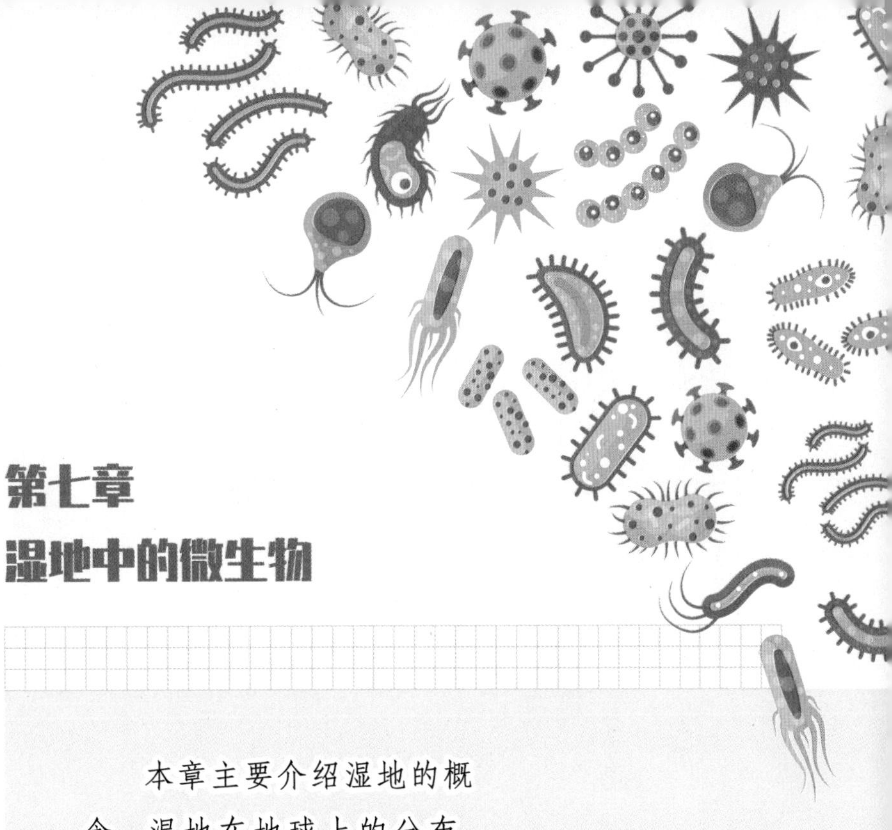

第七章 湿地中的微生物

本章主要介绍湿地的概念、湿地在地球上的分布、湿地在地球物质元素循环中的作用，以及湿地和微生物的关系等。

第一节 湿地的定义与特点

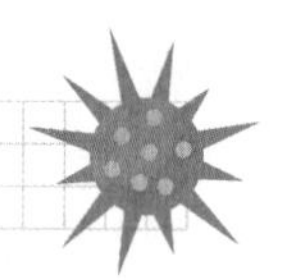

又到了微生物兴趣小组上课时间，姜老师笑眯眯地和学生说："咱们今天继续到奥林匹克森林公园探宝。我先问一下大家，奥林匹克森林公园给你们留下最深刻印象的地方是哪里？"这时大家纷纷抢着回答："奥海""仰山""人工湿地"……

姜老师又问大家："谁能说出，'蒹葭苍苍，白露为霜。所谓伊人，在水一方……'写的是什么类型的景观呢？"大家还在想的时候，凌凌抢答道："湿地。"

"答对了。"姜老师赞许道。

"我们广袤的土地上，在河海、草原、农田和森林之间镶嵌着许多大大小小、类型多样的湿地环境。从寒温带到热带不同的气候条件，从沿海到内陆不同的地理位置，都有湿地。

"根据形成特点，湿地可分为自然湿地和人工湿地两大类。根据所处地质环境，湿地可划分为近海与海岸湿地、河流湿地、湖泊湿

什么是湿地?

按《国际湿地公约》定义,“湿地”,泛指不论其为自然或人工,暂时或长期覆盖水深不超过 2 米的低地、土壤充水较多的草甸以及低潮时水深不过 6 米的沿海地区,包括各种咸水淡水沼泽地、湿草甸、洪泛平原、河口三角洲、泥炭地、湖海滩涂、河边洼地或漫滩等,是陆地、流水、静水、河口和海洋系统中各种沼生、湿生区域的总称。

湿地是地球上重要的生态系统之一,也是介于陆地生态系统(如森林和草地)与水生生态系统(如深水湖和海洋)之间的独特、复杂的生态系统。湿地生态系统是湿地植物、栖息动物、微生物及其环境组成的统一整体。湿地具有保护生物多样性,调节径流,改善水质,调节小气候,以及提供食物及工业原料的作用。湿地与森林、海洋并称为全球三大生态系统,在世界各地分布广泛。

地、沼泽与沼泽化湿地及库塘湿地等 5 大类 28 种类型。我们听说较多的自然湿地主要是沼泽地、泥炭地、湖泊、河流、海滩和盐沼等,人工湿地主要有大家熟知的水稻田、水库、池塘等。

“据统计,全世界共有自然湿地 855.8 万平方千米,占陆地面积的 6.4%。大家可能要问,湿地占了地球如此大的面积,它们是可用地还是不可用地呢?事实上,湿地是地球上具有多种独特功能的生态系统,它不仅为人类提供大量食物、原料和水资源,而且在维持生态平衡、保持生物多样性和珍稀物种资源以及涵养水源、蓄洪防旱、降解污染、调节气候、补充地下水、控制土壤侵蚀等方面均起到重要作用。

“为了满足我们生活的需求,物质的生产和消耗日益增加。在这

湿地的特征

湿地最显著的特征是周期性地覆盖有水，底层土主要是湿土且除岩石海滩外，大多数湿地覆盖有植物。

湿地的水文条件是湿地属性的决定性因素。水的来源（如降水、地下水、潮汐、河流、湖泊等）、水深、水流方式，以及淹水的持续期和频率决定了湿地的多样性。水对湿地土壤的发育有深刻的影响。湿地土壤通常被称为湿土或水成土。

些过程中，无疑会产生许多垃圾和有毒有害物质，如大家熟知的残留农药、被排放入海的工业废水和生活污水、电子垃圾等堆放造成渗入且残留于土壤中的重金属，等等，这些物质如果长期存在于我们的生活环境中，会严重影响我们的生活质量和身体健康，而湿地系统可以过滤、沉淀、吸收、降解和转化这些有毒物质，使潜在的污染物转化为资源，它以复杂而微妙的方式扮演着自然净化器的角色。湿地被誉为“地球之肾”。

“正是认识到湿地的作用，国家已经把湿地保护和修复作为环境治理的重点。同时，人们根据不同污染物类型以及当地自然条件，有目的地构建起不同类型的人工湿地，模拟自然生态系统的运作机理，对各类污染物加以有效处理。

“因此，奥林匹克森林公园在满足了 2008 年北京奥运会比赛和绿色生态带需要的同时，还作为一个污水处理系统，把北京市清河再生水厂提供的中水经过湿地的处理，达到公园用水的标准。这是近些年来悄然兴起的人工湿地处理再生水的一个实例。

“除了净化环境，湿地还有许多生态功能：通过湿地养殖，可以

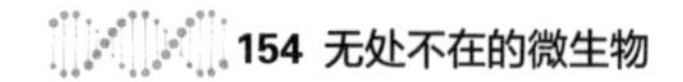

《湿地公约》

为了保护和合理利用全球湿地，1971 年 2 月 2 日，来自 18 个国家的代表在伊朗拉姆萨尔签署了《关于特别是作为水禽栖息地的国际重要湿地公约》（简称《湿地公约》）。为了纪念这一创举并提高公众的湿地保护意识，《湿地公约》常务委员会决定，从 1997 年起，将每年的 2 月 2 日定为世界湿地日，每年都确定一个不同的主题。利用这一天，政府部门、相关机构组织和公民采取各种活动来提高公众对湿地价值和效益的认识，从而更好地保护湿地。1997 年的主题为“湿地是生命之源”。2022 年 11 月 5 日至 13 日，我国承办《湿地公约》第十四届缔约方大会，此次会议主题为“珍爱湿地　人与自然和谐共生”。

为人类提供大量食物（水稻、鱼虾等）和原料；适宜的湿地环境，可以保护珍稀物种资源，维持生物多样性和生态平衡；湿地还可以涵养水源、蓄洪防旱、补充地下水、控制土壤侵蚀，在保护水土资源等方面起到重要作用。”

说到这里，姜老师问道：“大家可以想想，你们还在哪里见过湿地？能介绍一下它们的特点吗？”

“浙江杭州西溪国家湿地公园，公园内遍布乔木、灌木、草本植物、水边植物等，应该属于沼泽湿地。”凌凌答道。

“老师，我去过江苏盐城湿地珍禽国家级自然保护区，它应该是海岸滩涂湿地。”佳佳说道。

小宇接着说道：“青海湖湿地属于盐湖湿地，是天鹅的栖息地。”

小磊推了推眼镜说：“老师，我去过广西山口红树林湿地。”

姜老师赞许地看着同学们说：“大家说得非常好。

“除此之外，在我国的西南和东北部地区也分布着许多重要的湿地。如云南省红河哈尼族彝族自治州红河南岸梯田国家湿地公园，它是历经上千年的大地粮仓，不仅为当地百姓提供了赖以生存的稻米和水产品，在调节气候、保水保土、防止滑坡、维护动植物多样性等方面也发挥了重要的功能；还有大兴安岭的冻土湿地等。不同类型的湿地（图 7-1）既是野生动植物的生长、栖息地，也是地球表面重要的碳汇，对于吸收大气中的温室气体，减缓全球气候变暖有重要作用。”

“大家现在是不是特别想知道为什么湿地会有这么重要、这么多的生态功能？”姜老师说道，“我们今天就来采集一些湿地的水、植物和底泥，回实验室探究一下湿地生态系统的功能是如何实现的。”

于是，大家分工合作，拿着便携式水质分析仪进行了水环境温度、酸度和溶解氧的测定，用准备好的采样瓶、采样袋分门别类地将采集的样品装好，做了标记和记录，并带回到实验室放置在 4℃的冰箱冷藏区中保存。

▼ 海岸滩涂湿地（姜成英摄）

▲ 红树林湿地（李盟摄）

▲ 冻土湿地

◎ 图 7-1　不同类型的湿地

盐沼湿地（崔恒林摄）

▲ 梯田湿地

鸢尾与微生物共生人工湿地（姜成英摄）

第二节　湿地生态系统的结构

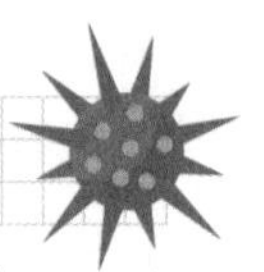

又到微生物兴趣小组课了，姜老师走上讲台，打开幻灯片展示大家上周在奥林匹克森林公园采集样品时的照片和一幅幅大美湿地的照片，以此开启湿地生态系统的认识之旅。

“上节课，我们了解到，根据所处地质环境条件的不同，湿地可以分为不同的种类。那么，湿地环境是由什么组成的呢？如大家看到的，大多数湿地是由水、泥、植物和栖息于此的动物组成。”姜老师停了一会儿，说：“同学们，我是不是忘了什么？”同学们异口同声地答道：“微生物。”

姜老师继续讲道：“正如我们第一节课讲的，1 克泥巴里的微生物数量可以达到 10^{10} 个，它们与植物、动物共同组成了湿地生物。由于湿地位于陆地与水体的过渡地带，因此湿地中具有丰富的陆生和水生动植物群落。”

说着，姜老师把大家上节课在奥林匹克森林公园采集的植物样

湿地生态系统的组成与特征

湿地生态系统由光、热、水、空气和无机盐等非生物物质和生物群落组成，其生物群落由水生和陆生种类组成。湿地生态系统中，物质循环、能量流动和物种迁移与演变十分活跃，具有很高的生态多样性、物种多样性和生物生产力。

（1）生物多样性。

湿地位于陆地与水体的过渡地带，独特的生物环境孕育了丰富的陆生和水生动植物资源，形成了其他单一生态系统无法比拟的天然物种库和基因库，特殊的土壤和气候对于保护物种、维持生物多样性具有无可替代的生态价值。

（2）生态脆弱性和易变性。

湿地水文、土壤、气候是湿地生态系统的主要环境因素。每一因素的改变，都会或多或少地导致生态系统的变化，特别是水文，当它受到自然或人为活动干扰时，就会引起生态系统稳定性一定程度的破坏，进而影响生物群落结构，改变湿地生态系统。当水量减少以至干涸时，湿地生态系统则会演替为陆地生态系统，当水量增加时，该系统又演化为湿地生态系统，水文决定了系统的状态。

（3）完善的生态网络。

湿地生态系统中，植物通过光合作用，利用太阳能固定空气中的二氧化碳形成有机物，同时将光能转化为化学能，供消费者吸收利用，植物是生态系统的基础；消费者和分解者通过新陈代谢将有机物再转换为无机物，又被生产者利用，从而实现生态系统中的物质循环，与此同时，伴随有机物的移动，在营养级间进行着能量流动。

品拿了出来，“我们首先来了解一下湿地植物和动物（图 7–2）。湿地植物种类较多，如我们熟知的芦竹、香蒲、芦苇、荻、美人蕉、鸢尾、睡莲、荷花、芡、薏苡、水葫芦、狐尾草、金鱼藻和苦草

▲ 荻（姜成英摄）

▲ 睡莲（姜成英摄）

▲ 狐尾草（姜成英摄）

▲ 天鹅（姜成英摄）

▲ 丹顶鹤（罗永琦摄）

◎ 图 7-2　湿地植物和动物

等，这些植物除了具有旺盛的生命力，还有较好的环境适应性和一定的应用价值，不仅可以吸收利用水中的营养物质，富集水中的重金属等有毒有害物质，有的蛋白含量较高，可以作为饲料；有的容易分解，可以作为肥料；有的碳氮比合适，可以用来发酵生产沼气；还有的可以用作工业或手工业原料，像芦苇就是很好的造纸原料。”

除了水生植物，湿地独特的水文地质条件也孕育了丰富多样的湿地野生动物。目前发现的湿地兽类有 7 目 12 科 31 种，鸟类有 12 目 32 科 271 种，爬行类有 3 目 13 科 122 种，两栖类有 3 目 11 科 300 种，其中有许多珍禽异兽，这些动物大多既能够适应水域也能适应陆域生存环境。

这时姜老师问：“大家能说说都见过或听说过哪些湿地动物吗？”

“丹顶鹤。”“天鹅。”“白鹭，白鹳。”同学们纷纷抢答。

“老师，青蛙也是湿地动物吧？”凌凌问道。

姜老师说：“这些都是，此外还有生活在浅水区的鱼类、龟类等。湿地为这些动物提供了适宜的生长环境，保持了湿地生态系统的生物多样性。”

湿地微生物（图 7–3）包括真核微生物和原核微生物。真核微生物包括原生动物、微型后生动物、藻类和真菌等。湿地的原生动物最常见的是鞭毛虫、纤毛虫和隐滴虫等，微型后生动物有轮虫、线虫和寡毛虫等，藻类主要有真核藻，如硅藻、褐藻和绿藻等，以及原核藻蓝细菌。真菌种类也有很多，如前面几节课提到的毛霉属和青霉属以及其他真菌。当然，湿地中最为丰富多样的肯定是原核微生物，包括古菌和细菌。作为湿地生态系统中的分解者，微生物在维持湿地生态环境和为植物、动物提供营养元素方面具有重要的作用。

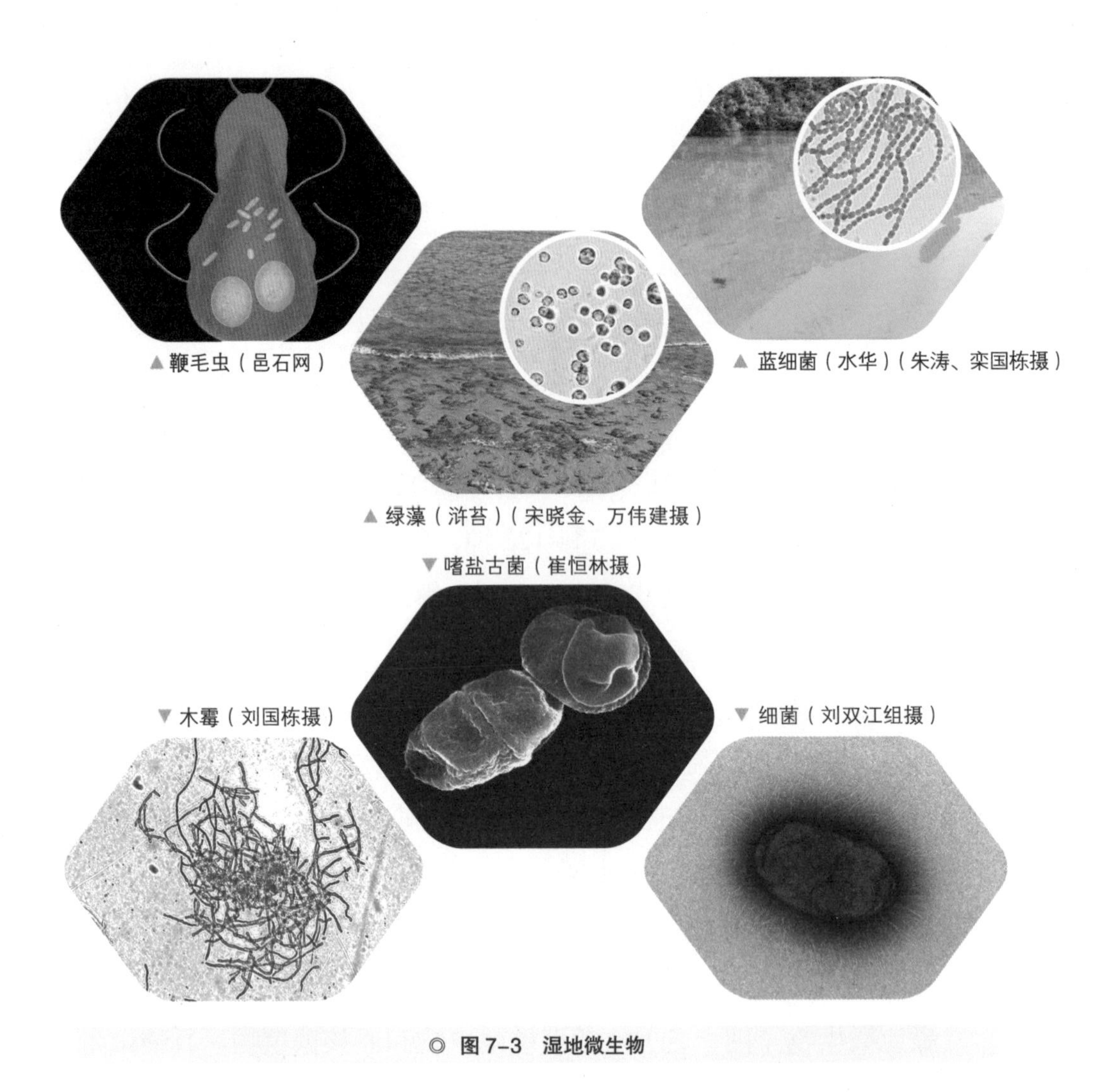
▲ 鞭毛虫（邑石网）

▲ 绿藻（浒苔）（宋晓金、万伟建摄）

▲ 蓝细菌（水华）（朱涛、栾国栋摄）

▼ 嗜盐古菌（崔恒林摄）

▼ 木霉（刘国栋摄）

▼ 细菌（刘双江组摄）

◎ 图 7-3　湿地微生物

植物、动物和微生物所组成的湿地生物系统以及非生物物质和能量（包括光、热、水、空气、无机盐等）共同组成了湿地生态系统。下节课，我们将介绍湿地生态系统的功能。

第三节　湿地微生物及其在物质循环中的作用

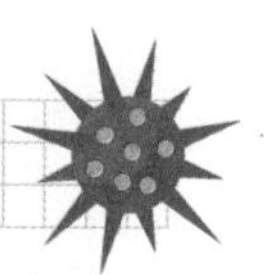

姜老师又和微生物兴趣小组的同学们见面了，今天大家要探索湿地生态系统中的微生物和它们在维持湿地生态平衡中的作用。

姜老师首先展示了一幅湿地生态系统的组成和功能图（图 7–4），“今天我们来了解一下湿地生态系统的结构和各组成之间的关系。”

先说生产者。在湿地生态系统中，花草树木是生产者，通过光合作用，利用太阳能固定空气中的二氧化碳等，形成有机物，同时将光能转化为化学能，通过食物链供消费者吸收利用，生产者是生态系统的基础。

再说消费者。根据获取营养的级别，消费者被分为不同的等级，主要包括以植物和藻类等为食物的初级消费者以及以初级消费者为食物的次级消费者，它们负责将有机物再转换为无机物（二氧化碳、水和氨等），这些无机物又可以被生产者利用。此外，消费者还可以帮助生产者传播花粉和种子，加速生态系统的物质循环。

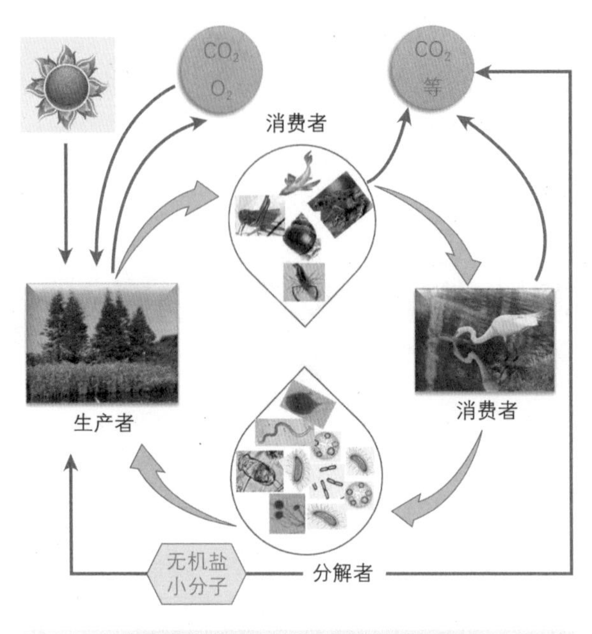

◎ 图 7-4 湿地生态系统的组成和功能

知识框 湿地生态系统的物质循环

湿地生态系统的物质循环是指有机质和许多元素在生物的作用下循环不断进入湿地生态系统的生物地球化学循环，是组成生物体的 C、H、O、N、P、S 等基本元素在生态系统（Ecosystem）的生物群落（Biocenosis）与无机环境之间反复循环运动的过程，又称为生物地球化学循环（Biogeochemical cycles）。

因湿地中有机物与含氮、磷和硫的化合物的含量较一般区域高，氧含量与盐浓度差别大，造成湿地生态系统的组成复杂多样。与全球生态系统一致，湿地生态系统也由生产者、消费者和分解者组成，湿地微生物作为分解者，在有机物降解、无机物氧化还原过程中不可或缺，因此湿地细菌、古菌参与的降解与代谢过程是全球 C、N、P、S 等元素循环的重要组成部分，其对于大气温室气体含量、元素循环速率等具有深远的影响。

最后要讲到湿地生态系统中的分解者——微生物。微生物一方面可以将动植物的残体和动物排泄物分解，另一方面可以为植物和一些动物提供营养，从而实现生态系统中物质和能量的流动。因此，湿地生态系统中，生产者、消费者和分解者是相互联系、缺一不可的。

同学们在前两节课中了解到，湿地区域为各种生物提供了多样化的生境类型（如红树林、沼泽、泥滩、盐滩等），因此具有独特的微生物资源和微生物多样性。统计数据表明，全球微生物生物量中，55%—86% 的细菌和古菌集中于包括沿海湿地沉积物在内的海洋沉积物之中，湿地中有机物与氮、磷和含硫化合物的含量较一般区域高。因此，湿地细菌、古菌参与的降解与代谢过程是全球碳、氮、磷和硫等元素循环的重要组成部分，其对于大气温室气体含量、元素循环速率等具有深远的影响。同时，水涨水落、生物搅动和空气运动会导致湿地环境的氧含量长期处于变化过程中，易形成梯度变化的有氧、缺氧、无氧区域环境，具有不同生理生化功能的细菌和古菌，如产甲烷古菌、甲烷氧化菌、硝酸盐还原菌、硫酸盐还原菌等长期存在并相互影响。

真菌在海洋滩涂生态系统中也发挥着至关重要的作用。研究显示，红树林、腐木、藻类等基体上真菌物种资源十分丰富。如前面提到的霉菌，是包含种类较多的真菌，由于霉菌会形成菌丝体，因此又被称为丝状真菌，包括高等丝状真菌子囊菌和担子菌等，以及早期分化的低等丝状真菌壶菌和木霉等。这些真菌在降解有机质，吸收氮、磷等元素的过程中也发挥重要作用，参与了湿地生态系统的物质循环。真菌在湿地生态系统中扮演腐生菌、致病菌或共生菌的角色，常常与红树林等滩涂植物共生。

前面学到的酵母菌也是湿地微生物区系的重要成员，研究人员已从湿地地带的沉积物、海水以及动植物中分离获得了超过150种酵母菌。酵母菌为适应高盐、寡营养、低温等环境，逐步形成了特殊的代谢途径，在湿地碳、氮、硫、磷等元素的生物地球化学循环中发挥了重要的作用。

红树林是生长在热带和亚热带陆海交会湿地上的木本植物群落，与土壤和水体共同构成红树林生态系统，红树林生态系统是全球生态系统的重要组成部分，是全球重要的“碳汇”，具有储碳量巨大、储碳效率高的优势，在减缓全球气候变化和碳循环过程中起着至关重要的作用。微生物是红树林生态系统中最主要的还原者，能够参与有机物质的分解和无机营养物的再生，降解湿地和海洋环境中的污染物并促进水体及沉积物环境自净，是推动湿地物质循环和能量流动的主要驱动因素之一。此外，长期的盐胁迫和富营养化使得红树林生态系统比其他近海生态环境拥有更多的特色微生物资源，尤其是耐盐菌、耐低氧菌等特色资源，极具开发价值。

湿地的复杂多样性造就了底栖动物的多样性和特殊性。底栖动物肠道是微生物理想的生存环境，肠道内共生附生着大量的已知和未知的微生物类群（细菌、真菌等），形成了特殊的微生态群落。同时，特殊的肠道环境，如缺氧，孕育了具有独特代谢途径的微生物资源。这些微生物与它们的宿主相互作用，不仅对宿主肠道内环境的改变起作用，同时影响着湿地环境的元素生物地球化学循环。

随着姜老师的介绍，同学们都在思考着湿地微生物资源对维持生态系统平衡的重要性。又是佳佳开始发问：“老师，您刚才提到微生物在环境清洁方面起着非常大的作用，您能举几个例子吗？”

姜老师点点头，先问道：“同学们目前最关注的环境问题是什么呢？”小磊说：“农药、抗生素和激素滥用。”小宇说：“水产品中重金属超标。”凌凌说：“塑料垃圾堆积。”姜老师苦笑道：“可不是，这都是影响着我们健康的环境安全问题。那我们就看看微生物对付这些有害物质的能力。

“农药、抗生素、激素和塑料，都是含碳、氮、硫等元素的有机化合物，而湿地系统中正好存在许多能够通过分解这些化合物获得能量生长的微生物，这些微生物可以独自或组队将有害的有机化合物分解为无毒的二氧化碳等小分子物质。湿地中还有一些微生物可以氧化、还原或转化有毒重金属元素，使其到低毒状态，或通过吸附作用阻滞它们向湿地动植物迁移。”

姜老师接着说道：“为了验证湿地微生物分解有机物的功能，今天我们就用之前在公园采集的样品做几个实验。”

于是，姜老师带大家来到实验室，把从奥林匹克森林公园取回的湿地底泥样品分给大家。然后，每位同学都从淀粉、酪蛋白、多环芳烃、重铬酸钾中选一种化合物配制培养基，并加入适量的湿地样品进行微生物的培养。

一周后，同学们拿出培养箱里的微生物，兴高采烈地观察起来。

同学们纷纷总结自己的实验结果，结果证实了湿地微生物降解淀粉、酪蛋白、多环芳烃及还原重金属铬 Cr（VI）的功能（图 7-5）。

小宇向姜老师问道：“老师，我最近查资料注意到大家很关注湿地的甲烷排放问题，可我们前面讲到的都是湿地的固碳功能。”

姜老师欣喜地看着小宇：“小宇能够自主地深入思考，值得表扬！”然后对同学们说：“小宇说得没错。正如事物都有两面性，湿

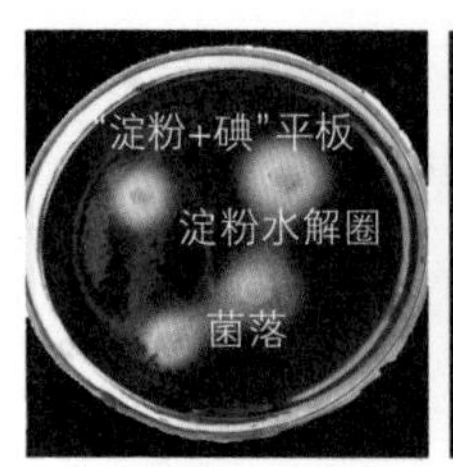

降解淀粉
（崔恒林供图）

降解酪蛋白
（崔恒林供图）

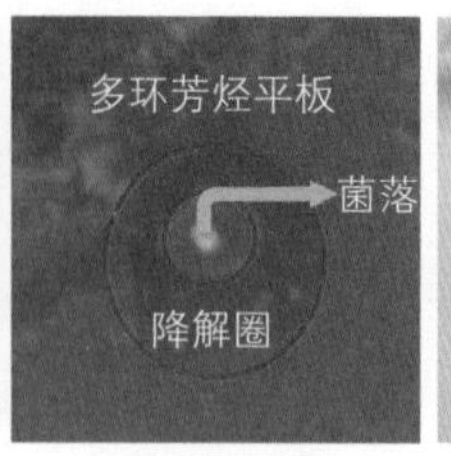

降解多环芳烃
（王柯幻供图）

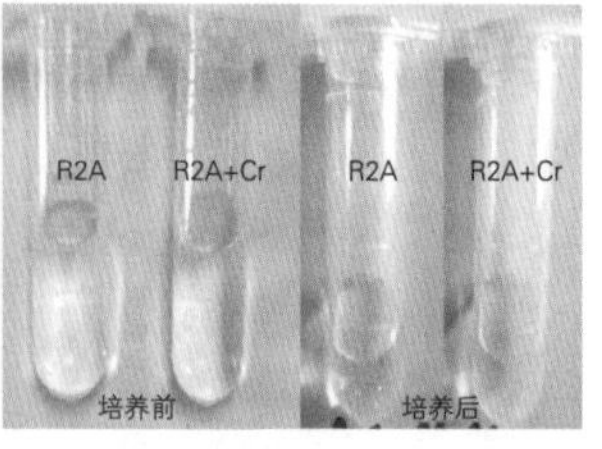

还原重金属铬 Cr（Ⅵ）
Cr（Ⅵ）还原产生 Cr（Ⅲ），培养液变色（柳泽深供图）

◎ 图 7–5 湿地微生物的功能

地生态系统在固定二氧化碳的同时，会产生甲烷气体。据统计，甲烷对全球气候变暖的贡献约占 20%。因此，湿地产生甲烷的问题引起了人们的关注。谁能说说湿地甲烷是怎么产生的吗？”

小磊回答：“老师，您刚才讲了，湿地生态系统有产甲烷菌，甲烷是不是它们产的啊？”

姜老师肯定地点点头：“由于湿地生态系统长期处在水淹状态，形成厌氧环境，而大量动植物和微生物分泌产生的有机物和氢等为产甲烷菌提供了营养和适合生长的环境，促进了产甲烷菌的代谢活动，从而造成了湿地甲烷的排放。近几年，气候变暖加重了湿地甲烷的排放。”

不过，湿地生态系统中大多数情况下也存在甲烷氧化菌，甲烷氧化菌和产甲烷菌同时存在，使得湿地环境的甲烷产生和消耗基本达到平衡。因此，湿地生态系统的维护、调节和恢复对于减缓全球碳排放仍具有十分重要的作用。

为此，基于自然湿地生态系统的组成和多种生态功能，人们将土壤、沙、石等材料按一定比例组成基质，构建了类似于自然湿地的人工污水净化生态系统，即人工湿地。人工湿地对污水的处理过程，是物理、化学及生物因素共同作用的结果。如图 7-6 所示，基质、植物及微生物是人工湿地发挥净化作用的三个主要因素。在污水通过人工湿地的过程中，基质的吸附、过滤，植物的吸收、固定、转化、代谢及湿地微生物的分解、利用、异化等过程综合作用、互相关联，影响着最终的净化效果。

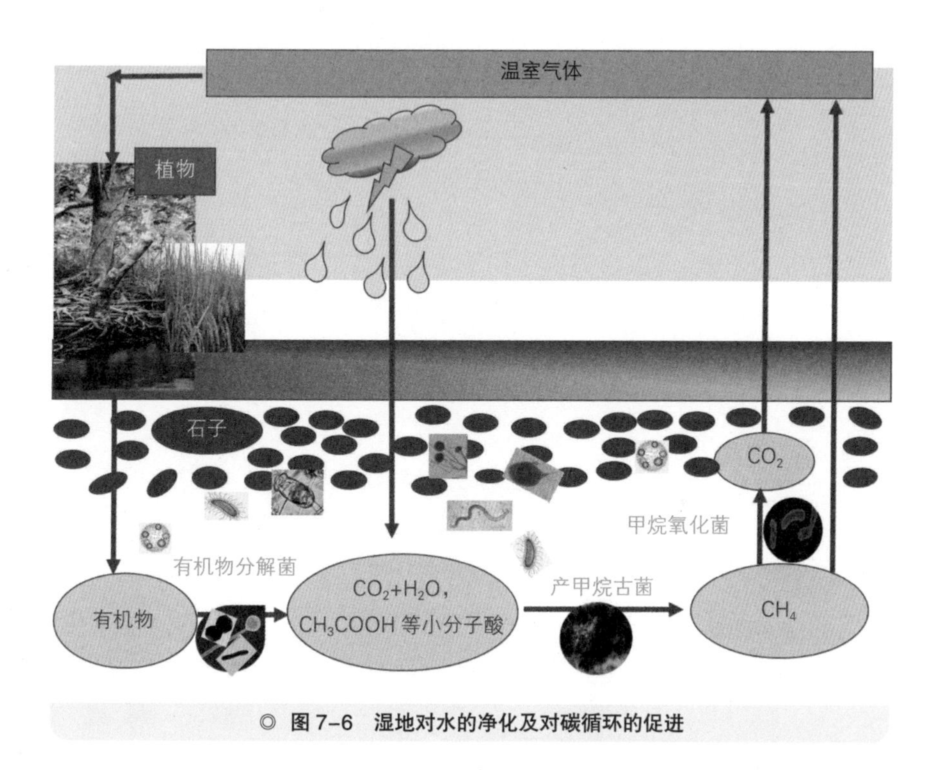

◎ 图 7-6　湿地对水的净化及对碳循环的促进

目前利用人工湿地已成为一种较为成熟的污水处理方式，研究表明，两公顷湿地可净化 200 公顷农田径流中过剩的氮和磷，通过微生物及微环境调节，也可控制甲烷产生及消耗的平衡，从而减少甲烷排放。

但是，在人工湿地日渐广泛应用的同时，我们应该不负人类心中的美好愿望——回归自然。因此，在大量建立使用人工湿地的同时，请不要忘了：模拟并不意味着代替。作为生存在地球上的人类，我们应该更好地保护自然湿地环境，向大自然学习，顺应大自然发展的规律，与环境和谐发展。

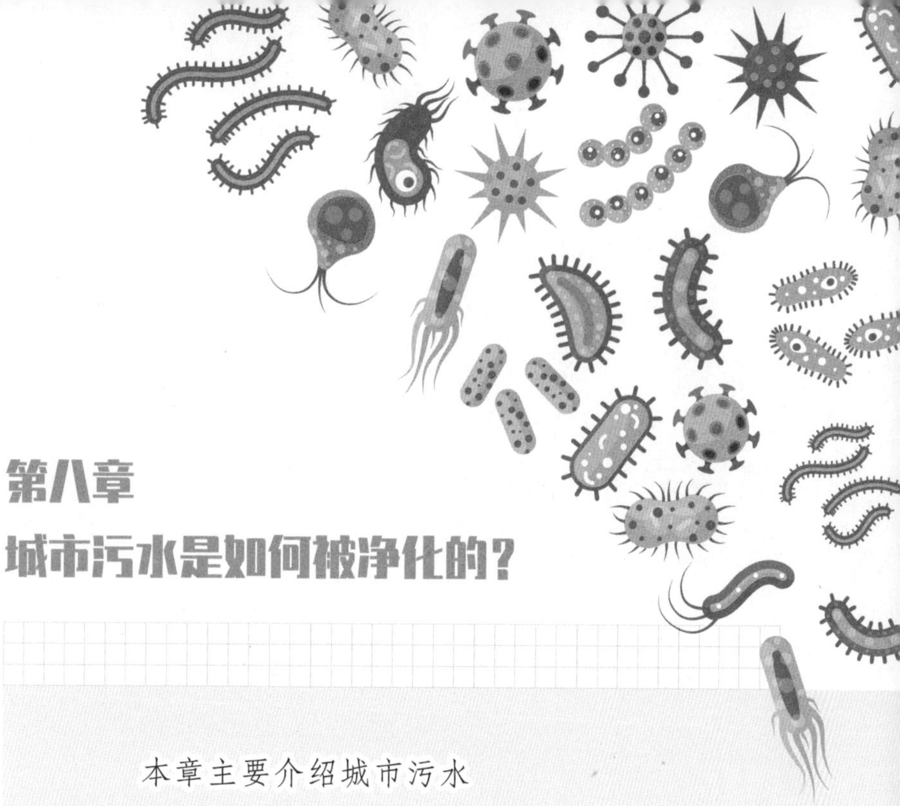

第八章
城市污水是如何被净化的？

本章主要介绍城市污水的收集与处理，以及微生物在城市污水处理中的功能和作用。基本知识包括城市污水收集、处理的历史演变以及活性污泥法的发明，污水中污染物的组成和水质表征，现代污水处理的常见过程以及微生物在去除有机污染物和氮、磷等营养元素中的作用。

第一节　城市污水的“前世今生”

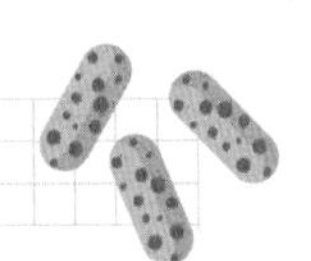

本周的微生物兴趣小组课，姜老师将带领同学们认识污水处理中的微生物。姜老师首先向同学们提了一个问题：“同学们，大家知道我们家里洗衣、洗菜以及卫生间冲厕后的污水流到哪里去了吗？”一些同学眉头紧锁。小宇心里想：每次打开水龙头就有干净的清水流出来，还真没有想过用过的污水到底流到哪里了。

这时，佳佳举手答道：“老师，我们用过的水是不是都排到了附近的小河中，最后流到了大海里？”姜老师笑了笑说道：“我们周围的河流、湖泊、海洋等自然水域确实具有水体自净的能力（图 8-1）。但是大家有没有想过，我们所在的城镇生活了如此多的居民，如果每家每户的污水都直接排到我们周围的小河中，恐怕我们的小河也会‘生病’，我们就见不到现在如此清澈见底、鱼虾成群的景象了。”

在 150 年前，人们生活产生的污水和雨水主要是通过地下管道或

水体自净

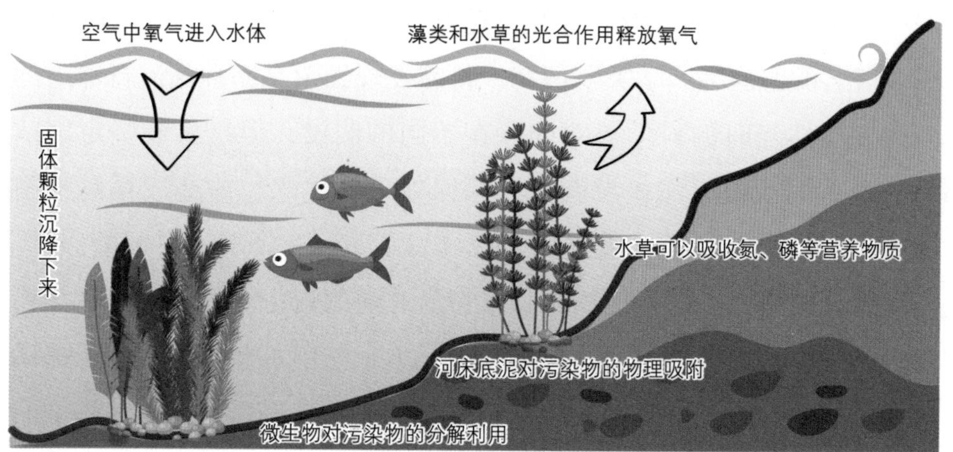

◎ 图 8-1 水体自净示意图
（宋阳制图）

水体自净：一定量的污染物进入水体后，在物理、化学与生物（微生物、动物和植物）等因素的综合作用后得到净化，使水体中的污染物的浓度得以降低，经过一段时间后，水体往往能恢复到受污染前的状态。任何水体都有其自净容量，也就是在水体正常生物地球化学循环中能够净化污染物的最大量。

者开放的沟渠排到附近的河流中。虽然也会有人收集各家各户的粪便水和垃圾，但被收集的污水并未进行任何处理，污水被城市周边的农民当作肥料施在农田中。到了 19 世纪中期，城市居民数量增长飞快，城市持续的扩张使得其周边很难找到充足的土地。例如，当时的英国伦敦工厂林立，唯一的排污系统就是溪流和江河。泰晤士河的水载着排泄物、垃圾，有时还有腐烂的动物尸体一起流入大海。与此同时，伦敦几乎所有人饮用、洗涤和烹饪等生活用水都来自泰晤士河。自然而然，疾病变得不可避免，霍乱等传染病在大城市流行。1849 年暴发的一场严重霍乱夺去了大约 14 600 人的生命。

在 1860 年以前，没有人知道霍乱病暴发的真正原因。直到 1883 年，著名的德国细菌学家罗伯特・科赫发现细菌是霍乱病流行肆虐的原因。虽然当时的科学界对此存在不同的假设，但是科赫坚定地认为，是人们饮用了那些没有经过任何处理的生水，才造成霍乱细菌的感染。1892 年，德国汉堡又一次暴发了霍乱，证明了科赫的假设。当时所有的受害者都直接饮用了来自易北河的河水。尽管在阿尔托那镇的居民也饮用了易北河的河水，但是由于饮用水经过了阿尔托那镇自来水厂的砂滤，该镇霍乱的发病率非常低。在追踪到了霍乱感染的源头后，人们也找到了解决问题的有效方法：将废水排入河流之前都要经过沙滤，并且饮用经过砂石过滤后的地下水。至此，人们意识到废水必须经过处理才能排放到地表水中。

现在，我们的城市污水处理厂已经非常先进了，具备了多个步骤环节，可以对污水进行不同程度的处理（图 8–2）。总体来说，城市污水处理主要分成三个层级。一级处理主要通过沉淀和格栅等物理方法去除污水中的泥沙和大尺寸的垃圾。二级处理是生化处理阶段，主要是依靠活性污泥微生物来去除污水中的有机物和氮、磷等物质。污水经过活性污泥工艺的处理就可以排放了，但是随着人们对生态环境质量要求的提高，现在的城市污水还需要第三级工艺处理，包括超滤、化学强化混凝、人工湿地、反硝化滤池以及氯消毒、臭氧消毒和紫外消毒等步骤和措施，进一步去除污水中的污染物以及病原微生物。

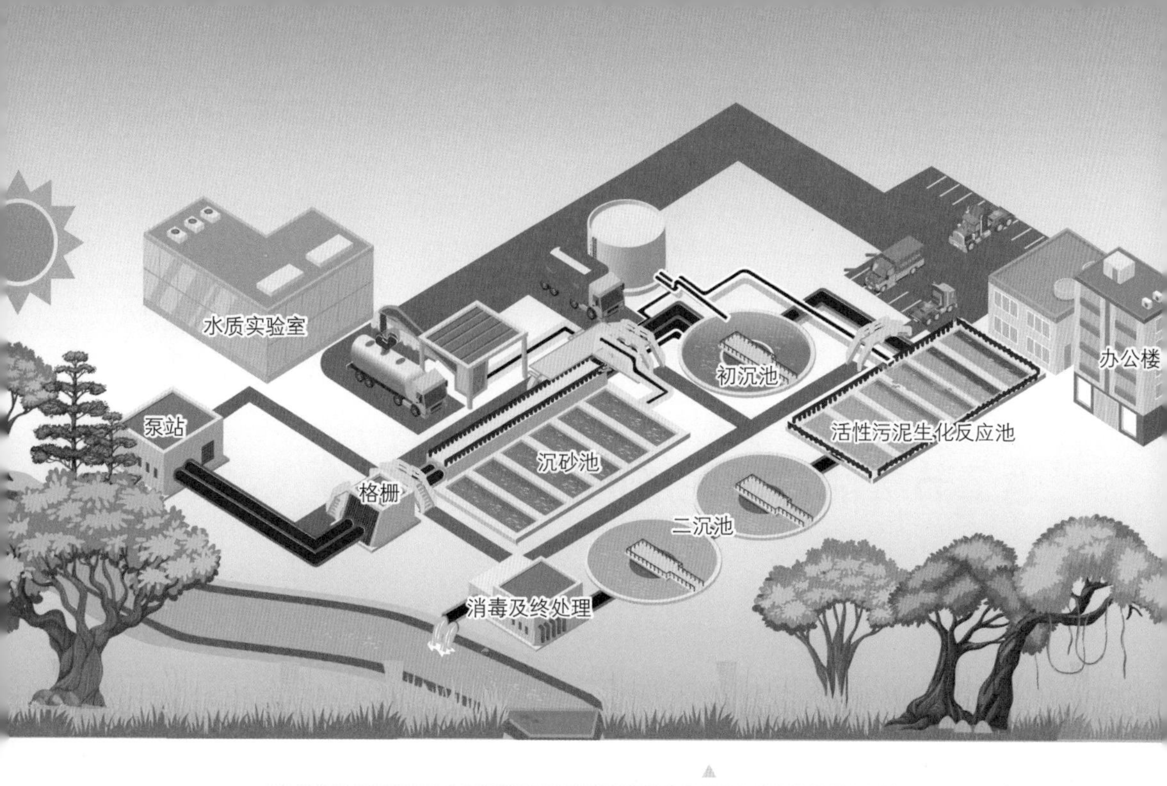

◎ 图 8-2 城市污水处理厂工艺流程模拟图（上）和航拍照片（下）

第二节　活性污泥法的诞生

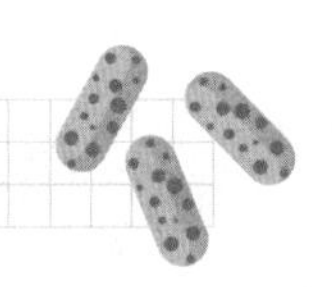

今天的微生物兴趣小组课上，姜老师继续带领同学们探索城市污水是如何净化的。

为了帮助大家回忆和复习，姜老师又抛出一个问题：“同学们，通过上次课的学习，大家觉得我们的生活污水能否直接排到河流里呢？”凌凌同学答道：“姜老师，不可以的，需要将污水处理之后才能排放，否则会传播疾病的。”姜老师笑着说：“凌凌说得很对。那么，用什么方法处理城市污水呢？”小宇提出用沉淀过滤的方法，佳佳说可以加一些化学药剂或者活性炭。

姜老师说道：“大家的想法都很好，但是在处理大量的生活污水时，我们要考虑它的经济性、普适性以及处理效率。下面我们就来讲一讲科学家们是怎么解决这个问题的。”

科学家们首先对自然状态下的水体自净进行了研究，他们想知道河流中有机物的分解过程，到底是自发的化学过程还是生物过程。当时的科学家们经过了大量的实验研究，比如将污水与河水在容器中混合，发现污染物浓度在几周后没有明显降低。当把污水接种到培养基上，培养基上会生长出许多微生物菌落。在 1869 年，亚历山大·穆勒猜测污染物的降解是一个微生物学过程，提出利用微生物降解和消除污染物可能是一种好方法。康尼锡做了一个实验，最早证实了穆勒的猜测，他连续数天将污水喷洒在铁丝网上，几周后，他发现铁丝网表面有生物被膜形成，从生物被膜表面流下的水，也变得清澈了。这一过程还是对自然界的模仿，例如，河床底部岩石或者岸边浅水区水和泥的交界面上，形成生物被膜的情况（图 8–3）。

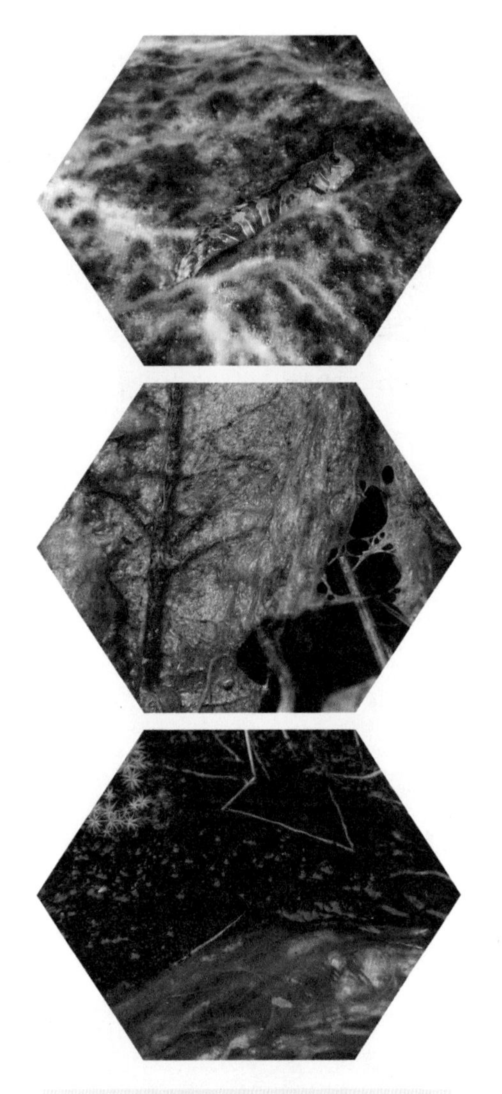

◎ 图 8–3 自然水体中常见的生物被膜

这些生物被膜一般会附着在河床的底部岩石或岸边浅水区水和泥的交界面上。由于接受阳光的照射，生物被膜中存在较多可以合成叶绿素的蓝细菌或单细胞和多细胞藻类，因而呈现嫩绿色。

姜老师接着讲道：“后来，科学家们发现往盛有废水的瓶子里曝气几小时后，瓶子中会逐渐产生一些絮状的东西。结束曝气后，这些絮状的东西可以逐渐沉淀到瓶底，人们把它称为污泥。经过仔细移去上层的水，再次加入新的废水并进行曝气，科学家们发现絮状污泥的数量逐渐增多，沉淀后上层的水逐渐变得清澈。”

1914 年，来自曼彻斯特公司河流委员会的爱德华·雅顿和威廉·洛基特第一次通过多次重复上述过程，观察到污泥中有许多微生物。在不断重复曝气的过程中，微生物的浓度也不断增加，这就是最原始的序批式污水处理反应器。由于污水中污染物的去除主要是在污泥中完成的，人们由此认为污泥已被活化，并仿照活性炭的命名方式

知识框 活性污泥和序批式污水处理反应器

活性污泥是微生物群体及它们所依附的有机物质和无机物质的总称，是一种绒絮状小泥粒，颗粒大小为 0.02—0.2 mm，表面积为 20—100 cm^2/ml，相对密度为 1.002—1.006。外观呈黄褐色，有时亦呈深灰、灰褐、灰白等色。静置时，能凝聚成较大的绒粒而沉降。活性污泥具有很强的吸附及分解有机物的能力，可以分为好氧活性污泥和厌氧活性污泥，主要用来处理污（废）水。利用悬浮生长的微生物絮体处理有机污水的方法，称为活性污泥法。污水处理过程中，一部分有机污染物可作为活性污泥中微生物体生长所需的营养物质而被利用。另一部分有机物分解为 CO_2、N_2 和 H_2O 等简单的无机物，这个过程可以为微生物的生命活动提供能量。

序批式污水处理反应器是采用序批式活性污泥法处理污水的一种工艺。序批式活性污泥法也叫 SBR 污水处理工艺。它是按时序间歇曝气方式运行，从而改变活性污泥生长环境，被全球广泛认同和采用的污水处理技术。常见的工艺过程分为五个阶段：进水、曝气反应、沉淀（沉降）、滗水（出水）、闲置（静置或称待机）。

将这些絮状污泥命名为“活性污泥”，利用活性污泥消除污水中污染物的技术方法，被称为“活性污泥法”。在后来的实验中也得出了活性污泥法处理污水的一些注意事项。比如，培育活性污泥的过程要避光处理使藻类不能生长；在处理阶段要保证污泥与废水的充分混合，并提供充足的氧气。污水的酸碱度也必须通过加入少量的碱来控制，使其在中性到弱碱性的区间。

第三节　城市污水中污染物的组成

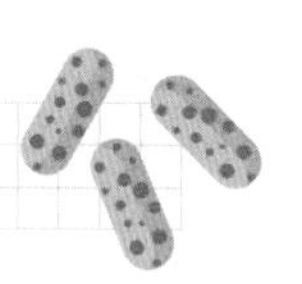

本次的微生物兴趣小组课，姜老师将带领同学们继续探索城市污水中的污染物质以及水质衡量的标准。

姜老师向同学们提出了问题："同学们，你们觉得污水里面都有哪些物质呢？"小磊举例说有饭渣、菜渣和油滴，佳佳补充说有洗涤剂、消毒剂以及粪便，小宇说还有细菌和病毒。姜老师微笑着说："大家说得都很对，同学们说的物质都可能在污水中存在，有的含量多，有的含量少，这表明污水的成分是非常复杂的。"

按照污染物的存在状态来分类，所有的污水都含有以下几类污染物。

首先是溶解性物质，包括有机物和无机物。有机物中含有可生物降解的物质和不可生物降解的物质；无机物中包括可全部或部分被微生物利用的营养物质以及金属和重金属离子，其中可作为微生物的微量元素被利用的无机物比例很小，而高浓度的重金属离子对微生物有毒性。

其次是胶体物质，主要包括不可沉降的油脂以及有机或无机固体微小颗粒。胶体物质又称胶状分散体，是一种较均匀的混合物。在胶体中含有两种不同状态的物质，一种是分散相，另一种是连续相。分散相的一部分由微小的粒子或液滴组成。分散粒子直径在 1—100 纳米，是介于粗分散体系和溶液之间的一类分散体系，这是一种高度分散的多相不均匀体系。

最后，污水中还含有一些没有溶解的悬浮固体颗粒物质，同样包括有机颗粒和无机颗粒。微生物（细菌、真菌、病毒、原生动物等）属于不可沉降的有机颗粒；水果、蔬菜和肉类等其他有机物质的残留颗粒，这一类大部分是可以沉降的有机颗粒。无机颗粒主要包括细沙、黏土和矿物以及一些有机和无机的复合颗粒。

当然污水组分也有其他的分类方式。亨策等科学家将生活污水的组分分为九大类，各成分具有不同的作用和危害（表 8–1）。

姜老师讲到这里，停顿了一会儿说："生活污水中有这么多种

表 8–1　生活污水的组分

污水组分	代表物质	主要危害
微生物	致病细菌、病毒	饮用、食用或接触后引起人患病
可生物降解有机物	糖类和蛋白质	消耗氧气，导致鱼虾死亡
其他有机物质	清洁剂、杀虫剂、色素、芳香类有机物	毒性效应、在食物链中累积
营养物	氮、磷、氨	富营养化、耗氧、毒性效应
金属	汞、铅、镉、铬、铜、镍	毒性效应、生物累积效应
其他无机物	酸类（如硫化氢）、碱	腐蚀、毒性效应
热效应	热水	改变生物的生存环境
气味	硫化氢、巯基物质	破坏环境、毒性效应
放射性	放射元素	毒性效应、累积作用

污染物，同学们知道其中的主要污染物是什么吗？注意是生活污水哦。”

同学们想了想，异口同声地说：“有机物！”

姜老师笑着点头：“既然我们都知道生活污水中的主要污染物是有机物，那么科学家就可以根据污水中有机物的多少来初步确定生活污水的污染程度。”

通常，有机物含量用化学需氧量（COD）和生化需氧量（BOD）来表征。COD 是指把有机物完全氧化为二氧化碳和水，需要消耗的氧气的质量。对葡萄糖这个具有代表性的碳水化合物来说，如果水中的葡萄糖浓度是 1 克 / 升，其理论 COD 浓度是 1.067 克 / 升。COD 的标准测试方法是将一定量的污水样品和过量的重铬酸钾（$K_2Cr_2O_7$）混合在一起，加入浓硫酸（H_2SO_4）和硫酸银（Ag_2SO_4），加热回流 2 小

葡萄糖理论 COD 的计算方法

1 个葡萄糖（$C_6H_{12}O_6$）分子，完全氧化成二氧化碳（CO_2）和水（H_2O）需要 6 个氧气（O_2）分子。化学反应简式为

$$C_6H_{12}O_6+6O_2 \xrightarrow{\text{酶}} 6CO_2+6H_2O+\text{能量}$$

可见每摩尔葡萄糖（分子量为 180 克 / 摩尔）消耗的氧气量（分子量为 32 克 / 摩尔）为 6 摩尔，即 192 克。因此 1 克葡萄糖完全氧化需要消耗 1.067 克氧气，所以浓度为 1.00 克 / 升的葡萄糖的理论 COD 浓度为 1.067 克 / 升。在我们实际的测试过程中，污水中的有机物质可能仅被部分氧化，仍然残留着一些未完全氧化的有机产物。实际上，1.00 克 / 升葡萄糖采用重铬酸钾氧化测得的 CODcr 数值在 1.00 克 / 升左右，接近 1.067 克 / 升。

时，有机物被完全氧化后检测剩余的重铬酸钾的浓度，这样就能知道样品里面有多少有机物了。要注意的是，我们对于生活污水通常采用重铬酸钾（$K_2Cr_2O_7$）为氧化剂，但对于自然水体等则常采用高锰酸钾（$KMnO_4$）作为氧化剂，这两种氧化剂氧化有机物的能力有所不同，因此对同一份水样测得的 COD 数值有所区别。

BOD 是利用污水中微生物自然生化作用测定反应前后所消耗的氧气来表征的。我们将测试水样（包括其中的微生物）置于一个密闭的烧瓶中，加入一定营养素，在 20℃和 pH 7—8 条件下，培养所消耗的氧气质量就是 BOD，根据培养时间不同，依次称为 BOD_5、BOD_{10} 和 BOD_{20}（数字表示培养的天数），通常使用 BOD_5 来表示污水中污染物可以被微生物降解的程度。在测试污水的 BOD 数值时，首先会通过沉降作用去除样品中的可沉降固体，因此测量的结果不仅包括溶解性的有机物质，还包括有机胶体和不可沉降有机固体，这部分也可被好氧微生物水解后利用。

从环境保护的实际情况出发，我们还可以将污水中的组分分成重要成分和特殊成分两大类。

污水的重要成分包含总 COD、溶解性 COD、悬浮性 COD、BOD、挥发性脂肪酸、总氮、氨氮、总磷、正磷酸盐、总悬浮固体和挥发性悬浮固体等。在以上这些污水组分中，含氮和磷的成分以及浓度会影响污水处理方案的选择。这是因为大部分营养物都是溶解性的，它们不能靠沉淀、过滤、气浮或其他固液分离方法去除，而是主要依靠污水处理厂中微生物的生化作用将其固定或转化。

污水中的特殊成分包括金属物质、日用化学品、抗生素等药物、杀虫剂等。这些特殊成分在一般的污水处理厂中很难消除，需要有特殊的处理工艺和技术。这些污染物浓度可能很低，但它们可能引发污水处理厂中生物处理工艺或者受纳水体中的毒性问题，是现在城市污水处理中十分关注的对象。

另外，对于一些污水管网系统没有改造的城市，污水管道中也接纳雨水和部分工业废水。新建污水管网往往采用较为先进的分流制管道系统，即将雨水、工业废水和城市污水在不同的管道中分开输送和处理。污水排水管道的设计对污水组分的影响也很大。

第四节　微生物在城市污水处理中大显身手

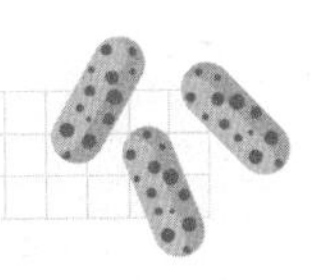

前面几节课上，姜老师已经带领同学们了解了生活污水里面的物质，也了解到生活污水应该通过管道收集到污水处理厂，通过活性污泥中的微生物等处理过后，再排入自然水体系统。那么在实际的城市污水处理厂中，污水处理的具体过程有哪些呢？活性污泥中的微生物又是怎样帮助我们消除污水中污染物的呢？

经过近百年的发展，活性污泥法衍生出了生物脱氮、生物强化除磷等多种工艺，污水处理厂的工程师们可以根据进水中的主要污染物组分和浓度以及需要达到的水质标准和成本限制，选择尽可能高效、低能耗和低成本的工艺（图 8-4）。

活性污泥中的微生物可以吸收部分溶解在污水中的无机物，转变为自身的细胞物质，或者将其中部分有机物转化为气体逸出到空气中。实际上，由于活性污泥微生物有效的生物絮凝能力，不管是可生物降解的、不可生物降解的、有机的还是无机的固体物质均能变成可

◀ 北京市小红门污水处理厂

▼ 实验室内的小型活性污泥反应模拟装置

▲ 武汉市汤逊湖污水处理厂

◎ 图 8-4　不同的城市污水处理厂，采用活性污泥法工艺的污泥反应池及反应模拟装置（宋阳摄）

沉降的固体，随活性污泥沉降下来。

活性污泥中的细菌代谢所需能量来自氧化还原反应。比如，利用污水中的有机物和还原态无机物氧化过程释放的化学能转变为生物高能化合物腺苷三磷酸（ATP）。除能量以外，活性污泥微生物还需要污水中的碳源和无机物来合成细胞组分。因此，活性污泥微生物细胞内不断发生的各种生物化学反应可以分为分解代谢和合成代谢两类。

絮凝和腺苷三磷酸

絮凝是液体中的悬浮微粒集聚变大，或形成絮团的过程。絮凝能够加快粒子的聚沉，达到固液分离的目的。

腺苷三磷酸，全称腺嘌呤核苷三磷酸（Adenosine triphosphate，ATP），化学式为 $C_{10}H_{16}N_5O_{13}P_3$，分子量为 507.18，是一种不稳定的高能化合物，由 1 分子腺嘌呤、1 分子核糖和 3 分子磷酸基团组成。水解时释放出较多能量，是生物体内最直接的能量来源。ATP 水解成 ADP（腺嘌呤核苷二磷酸）和 Pi（游离磷酸基团）并释放能量，它能与 ADP 相互转化实现贮能和放能，从而保证了细胞各项生命活动的能量供应。

$$ATP \xrightarrow{酶} ADP+Pi+能量$$

分解代谢可为细胞提供能量。分解反应将电子从供体（通常是有机物）传输至受体，同时产生质子动力势，释放 ATP。产能过程需要一个电子供体和一个电子受体，起还原作用的化合物作为电子供体（如有机物和 NH_4^+、NO_2^-、HS^-），起氧化作用的物质作为电子受体（如氧气或硝酸盐）。电子供体和电子受体的多种组合使得活性污泥微生物具有多样性。合成反应消耗能量，使用碳源和其他营养物质合成细胞组分。生物合成所需要的能量来源有三种，也就是有机物分解、无机物氧化释放的能量和光合作用固定的太阳能，而碳源分有机和无机两种。

活性污泥法在诞生初期，主要是用来降解有机污染物。一些细菌可以将污水中大分子的有机物（淀粉、糖原、脂质和蛋白质）转化为二糖、单糖、脂肪酸、多肽、氨基酸等小分子有机物，供其他微生物利用。好氧异养菌可以进一步利用小分子有机物和氧气生长繁殖，将有机污染物转化为二氧化碳而从污水中去除。

生活污水中还有大量有机和无机氮化物。异养微生物可以将有机氮化物降解产生氨。在氧气充足的情况下，氨可进一步被微生物氧化生成亚硝酸盐和硝酸盐。如果污水中的硝酸盐含量超标，就会给自然水体中的藻类提供大量的营养源，使它们的生长不受氮源限制，最终导致水体富营养化。当藻类死亡和分解时，会大量消耗水体中的可用氧气，导致其他水中生物的死亡，从而破坏整个水质环境，同时也污染了给水水源。因此，污水的生物脱氮是国内外重视的重要研究方向。

在第六章第五节，我们讲到了氮的循环，脱氮过程是氮循环的重要组成部分，主要包括氨化作用、硝化作用和反硝化作用。其中，氨化细菌参与氨化作用，将有机氮化物脱氨基生成氨；亚硝化细菌（也称氨氧化菌）和硝化细菌（也称亚硝酸氧化菌）负责硝化作用，将氨转化为亚硝酸盐以及硝酸盐；反硝化细菌主要参与反硝化作用，将 NO_2^-、NO_3^- 转化为一氧化二氮或氮气。

硝化作用是生物脱氮必须经过的步骤，往往也是生物脱氮的关键。大多数亚硝化细菌和硝化细菌为好氧自养细菌，可以在硝化过程中得到能量，同时将无机的二氧化碳转化成其细胞的组成部分，从而实现二氧化碳的固定。大多数反硝化细菌是异养的兼性厌氧细菌，它们利用有机物作为反硝化过程中的电子供体，将 NO_3^- 还原成 N_2 并从水中逸出，达到污水脱氮的目的。

除了有机污染物和有机氮化物，废水中还有磷化物，其中只有极少部分可以用于生物合成，大部分不能去除，而是以磷酸盐的形式排放。如果排放的污水中磷含量超过 0.5—1.0 毫克 / 升，就会成为藻类生长的丰富营养来源（水体中含磷低于 0.5 毫克 / 升时，能控制藻类过度生长；低于 0.05 毫克 / 升时，藻类几乎停止生长）。因此，磷排放超标与氮排放超标的后果类似，都会造成自然水体的富营养化，给水产养殖、饮用水质量等造成严重的危害。

目前，世界各国都特别重视对水体中磷含量的控制。长期以来，化学法除磷应用较为广泛，但其费用高昂。采用生物处理法除磷效率高，处理成本低，操作方便，适合于现有污水处理厂的改建。

自然界中有许多细菌能从外界环境中吸收可溶性的磷酸盐，并在体内转化合成多聚磷酸盐积累起来作为贮存物质，这些细菌被称为“聚磷菌”。生物除磷利用的就是聚磷菌的这一生理特性。聚磷菌在氧气充足的条件下，可以过量吸收磷，将水中的磷富集在活性污泥中；而在氧气不足的条件下，活性污泥中的磷可以被释放到周围液体中。从而可通过去除高含磷量的污泥或者上清液，使磷脱离水系统，达到生物除磷的目的。

我们的科学家和工程师针对不同活性污泥微生物的生活特点和污水处理的需求，开发出不同类型的活性污泥工艺，定向富集具有某一类功能的微生物，并且把不同类型的工艺进行串联，将上一步反应后

聚磷菌和菌胶团

活性污泥在氧气充足和缺乏交替条件下运行时可产生“聚磷菌”。在氧气充足条件下，聚磷菌可摄取超出生理需求的过量磷，形成多聚磷酸盐作为贮存物质，同时在细胞分裂繁殖过程中利用大量磷合成核酸。在氧气缺乏条件下，聚磷菌会将积累于体内的多聚磷酸盐水解以获得较多的能量，进而将磷酸盐释放于环境中。

菌胶团是由细菌分泌的多糖类物质将细菌包覆成的黏性团块，构成活性污泥絮凝体的核心。在菌胶团外围，黏附着真菌和原生动物，而较为高等的后生动物则是处于相对游离的状态。

的出水作为下一步反应的进水，以达到不同的处理目的。

细菌是去除污水中有机污染物的主力军。事实上，活性污泥里存在的生物十分复杂，还有原生动物、霉菌、酵母菌、单细胞藻类等微生物。我们有时还能发现轮虫、线虫等后生动物。随污水性质、污水处理厂的运行条件不同，活性污泥中会出现不同的优势菌群，在这些勤劳的“去污”细菌中，我们已经知道的包括动胶菌属、丛毛单胞菌属、产碱杆菌属、微球菌属、假单胞菌属、黄杆菌属、无色杆菌属、不动杆菌属等。

活性污泥中的细菌大多数生活在胶质中，以菌胶团形式存在。胶质是菌胶团生成菌分泌的蛋白质、多糖及核酸等胞外多聚物。在活性污泥形成初期，细菌多以游离的状态存在，随着活性污泥成熟，细菌增多而聚集成菌胶团，形成活性污泥絮状体。已知的菌胶团形成菌有生枝动胶菌等数十种。活性污泥中还有一些丝状细菌，如微丝菌属和丝硫细菌属等，它们往往附着在菌胶团上，或者与之交织在一起，成为活性污泥的骨架，但如果这一类丝状细菌繁殖过多的话，往往会引起污泥膨胀等影响处理工艺正常运转的现象。

活性污泥中还存在大量的原生动物，其中以纤毛虫为主。原生动物主要聚集在活性污泥的表面，数量为 5 000—20 000 个 / 毫升。有意思的是，我们可以根据原生动物的种类判断活性污泥的状态和处理效果的好坏。在活性污泥处理初期，首先出现的是以有机物颗粒为食的鞭毛虫和肉足虫，这时的处理效果不够好；随着细菌增殖，开始出现以细菌为食的纤毛虫；随着菌胶团的增加，固着型纤毛虫逐渐代替泳动纤毛虫；当污水处理正常运转时，以有柄纤毛虫为主。

活性污泥中的真菌主要是霉菌，它的出现与水质有关，常出现于 pH 偏低的污水中。而单细胞藻类的繁殖需要光，浑浊的污泥影响光的投入，因此它们在活性污泥中难以繁殖，为数很少。病毒和立克次氏体等也混于活性污泥中，但与藻类一样，它们不是活性污泥的主要构成生物。

活性污泥是一个复杂的微生物生态系统，有很多微生物我们还不了解，已知种属的细菌在活性污泥中的丰度不到一半，能够分离并且得到进一步工程应用的细菌更是连 1% 都不到。活性污泥中具有新的代谢途径的微生物的发现，不仅会提升人类对元素生物循环基础理论的认知，同时会引发污水处理领域的重大革命，比如完全氨氧化菌的发现，还有脱卤呼吸的微生物，它们利用某些卤代化合物作为电子受体，可以降解极难分解的卤代烃。

迄今为止，活性污泥法已经诞生了 100 余年，90% 以上的城市污水处理厂都采用了活性污泥工艺，无论工艺如何演变，微生物都是活性污泥的功能主体。认识和利用好活性污泥微生物，可以极大

完全氨氧化菌

完全氨氧化菌是具有把氨氮氧化为硝态氮功能的微生物，它的发现终结了传承百年的氮循环教条（氨氮需要不同种类微生物将其先变成亚硝态氮再氧化为硝态氮），并引起了关于自然界中氮循环的重要科学问题的研究。

提高水资源的循环利用率，实现生态环境的保护。活性污泥微生物凭借其简单、粗放、混沌的特质，在污水组分愈加复杂的今天仍然表现出了强大的生命力与适应力，成为当今世界污水处理应用技术的主角。

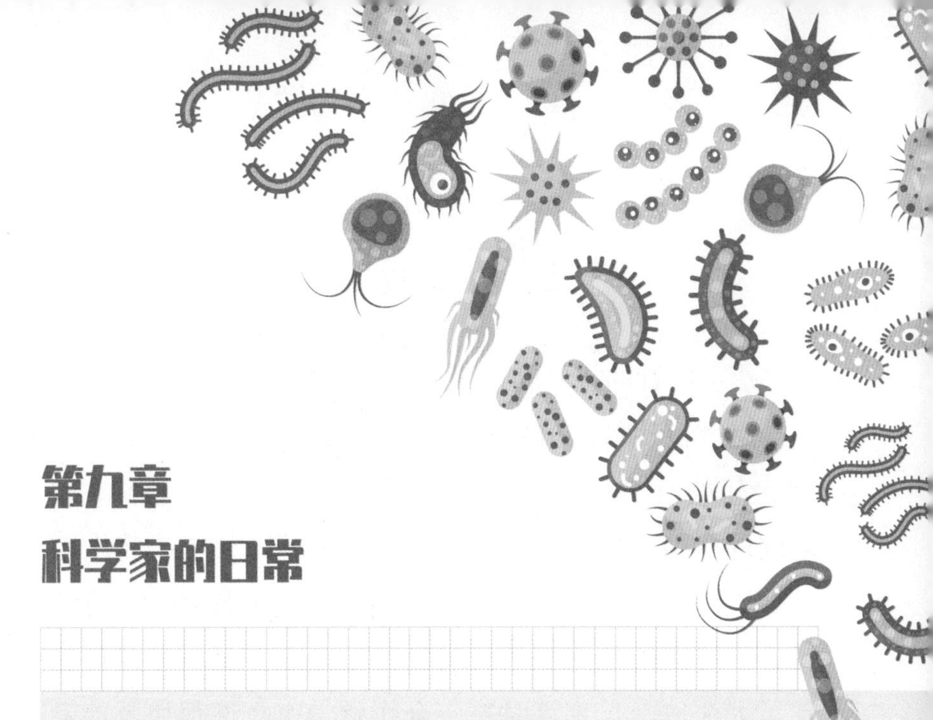

第九章
科学家的日常

赵教授是中国科学院的著名微生物学家。在赵教授的心目中，微生物是无处不在、无所不能的魔术师，只要善加研究和运用，就可以为人类解决许多困难。赵教授利用微生物解决了我们生活中的许多环境污染难题，也让人们对身体环境中的微生物有了更深刻的了解。赵教授同时是一名研究生导师，桃李满天下，他的学生大都已经成为各个微生物研究领域的专家。

从事科研工作的日子里，赵教授每天都忙忙碌碌地度过。拿他自己的话说——虽然有时忙得忘了吃饭、没有了假期，但是充实又快乐。接下来这一章，我们就化身赵教授身上的微生物，看看赵教授的日常科研生活。

深夜十一点

墙上时钟的指针转得飞快，不知不觉又到了深夜。

赵教授揉揉酸麻的肩膀和手腕，伸伸懒腰，那把伴随了赵教授20余年的椅子发出了咯吱咯吱的“呻吟”声，仿佛在抗议赵教授长时间的压迫。接着，赵教授又将手放回鼠标上，集中精力应对他邮件列表里那最后一封“未读邮件”。仔细思考后，他猛敲了一阵键盘，干脆利落地点下了发送键，于是，一封电子邮件毫不犹疑地飞往了大洋彼岸。算算时差，合作科学家也许很快就能看到这封充满激情和对未知生命世界探索思考的邮件。

“搞定最后一封！”赵教授嘴里嘟囔着，却仍习惯性地再次确认着日程表上的今日工作是否已经全部完成。他略一思考，又在明天的工作计划上添了几个字。

赵教授站起身来，看看漆黑的窗外，想着“真是有点晚了”，然后转身披上呢绒大衣，一把抓过围巾，往脖子上随意一缠。“明天又将是充实的一天。”他拽开门，却与正要敲门的小赵同学打了个照面。小赵的手僵在半空中，他打量着赵教授的这身装扮，一副欲言又止的样子。

尴尬地对视后，赵教授先开了口：“说话！”

小赵回了回神儿，脸上重新洋溢出得意而又神秘的神情：“老师，实验有了进展！我终于观察到相互作用的荧光了！”

“太棒了！”赵教授迅速脱下大衣，抓起白大褂套在身上，“走，带我去看一下！”

“折腾了这么久，我很高兴你能坚持住，没有放弃，我就知道你肯定能成！”赵教授一边走，一边自顾自地夸赞着紧跟在身后的小赵。

实验室里，显微镜下，视野逐渐由模糊变得清晰起来。赵教授从小赵手中接过显微镜操作螺杆，旋转定位螺钮，聚焦位置，并将图像投放在计算机屏幕上。液滴中的微观世界一览无余，密密麻麻的细菌铺满视野。这些细菌有的一动不动地僵在原地，有的不停地挣扎颤抖，还有的随着微弱的水流迅速游弋。

小赵娴熟地将滤光片切换到荧光界面，一束蓝光立即从发射器中发出，正好打中液滴，几乎同时，计算机屏幕上绽放出璀璨夺目的荧光。赵教授的嘴角微提，皱纹顺着笑容圈圈绽开。

“小赵，曝光度再调低一点，这样细节才能看得清，拍出的照片才更清楚。”赵教授一边指导学生做着最后的优化，一边仔细观察着屏幕上的细胞照片。此时漆黑的背景上，散发着荧光的细菌“粒粒可数”。不时有几个“顽皮”的细菌闯入视野，犹如划过夜空的一颗颗流星。

“我们利用荧光现象来验证A蛋白和B蛋白在细菌内的相互作用，菌体散发出了荧光，证明A和B两种蛋白间确实存在着相互作用。不过，现在的实验还缺少对照组，我们接下来还应该……”赵教授和小赵把实验结果仔细讨论了一番，又大体确定了接下来的研究方向和计划。

墙上的时钟不露痕迹地运行，时针和分针相会又分离，不知不觉已经过了半夜十二点。

赵教授看着小赵困倦的眼睛，拍拍他的肩膀说：“今天太晚了，回宿舍好好休息，明天我们再找时间讨论细节吧。”

“知道了老师，我把这里收拾好就回去。您先回去休息吧！”小赵急忙回答。

赵教授盯着小赵的脸："不准再熬夜了，知道了？"

小赵被老师盯得不好意思，连连点头答应。

赵教授满意地点了点头，临走前嘱咐道："记得及时整理实验数据，做好记录，妥善保存。"

早上七点

为了工作方便，赵教授将家安在了研究所的附近。

虽然昨晚睡得晚，也许因为有实验数据助眠，赵教授这一觉睡得特别踏实。早上六点，赵教授的生物钟将他准时叫醒，简单地梳洗后，他换上运动鞋进行雷打不动的五千米晨跑，与这个充满活力的城市打声招呼，为自己新一天的忙碌工作蓄积能量。

七点钟，赵教授已经带着女儿亲手做的面包准时来到了自己的办公室。推开办公室的房门，看到清晨的阳光照耀在窗台边的盆栽上，赵教授心情好极了。他一边给他的宝贝花花草草浇水，一边小声嘀咕着："快点长大吧，可爱的花草们。"

赵教授冲了一杯茶，在等着茶叶在热水的滋润下伸展之时，他打开了计算机，看着接二连三"蹦"出来的电子邮件，在心里默默地为同行的勤奋点赞。

赵教授抿了一口茶，准备一边读邮件一边吃早饭，补充好营养再正式开始一天的工作。突然，他心里一动，手里抓着面包就走出了办公室。

看到隔壁学生办公室里，小赵正趴在桌子上打盹，赵教授无奈地摇摇头："小赵，快起来，回宿舍睡吧，在这里会感冒的！"小赵惊醒了，他四下张望了一番，揉揉黑眼圈，摸过厚重的眼镜，这才看清不远处站着的赵教授。

"老师！"他噌地一下从椅子上跃起，身子向后打了个趔趄。

赵教授一个箭步冲向前，连忙搀扶住小赵。

"昨晚不是说好了，不准熬夜了！"赵教授的语气中带着责备。

小赵一时语塞，低下头说："我实在忍不住，就想着把实验再重复一下，把您提到的缺少的对照组补充好，再把数据分析好就回去睡，谁知道不知不觉天就亮了。"

"喏，"赵教授把面包往他怀里一塞，"快吃吧，身体是革命的本钱，可不能这么糟蹋。"

小赵接过面包，擦擦眼角，咬了一大口，嘴里塞得满满的，口齿不清地说："真香，真好吃，谢谢老师！"看着小赵三两下便吃完了，赵教授又气又笑。

"小赵啊，我知道，做科研的时间很紧张，但开夜车不是解决问题的好方法。学会管理时间，才是学习和工作的长久之计啊。"

"谢谢老师！"小赵嘴里咕哝着，努力地往下吞着最后一口面包。赵教授见状赶紧递上一杯热水，小赵忐忑地把杯子捧在手心，突然热泪盈眶。

"老师，您真是太好了。还记得我当年刚进实验室的时候，毛手毛脚，经常粗心大意，总是打碎东西。有一次，我忘记关接种间的紫外灯，把同学们辛苦分离的微生物都给杀死了，您不但没有批评我，还第一时间来关心我有没有被紫外线照到。我做实验总是失败，您也不责怪我耽误时间、浪费试剂，反过头来还宽慰我。是您的引导，让我走过了最艰难的适应期，让我体会到了做科研的乐趣，再辛苦也觉得有意思、觉得值得。”

赵教授微笑地看着眼前这个大男孩，不禁回想起自己年轻时候的经历。几十年时间白驹过隙，往事历历在目。“小赵啊，人非圣贤，孰能无过。哪一个做科研的人，不是从一个对实验完全不会的人成长起来的呢。当年哪，我比你闯的祸还要多。但是，当一个人怀揣着坚定的科研理想，一切困难都不在话下，都能凭借努力克服。这些困难终将成为你成长过程中的宝贵财富。”

小赵瞪着大大的眼睛，聆听着老师的教诲。

赵教授看着学生认真的表情，笑着问：“小赵啊，想好今后做什么了吗？”

小赵双眼放光，话像早就准备好了，脱口而出：“我想像您一样，做科研！”

赵教授赞许地点点头，“科研的道路不会一帆风顺，要有坚定的信念，有一颗对科学的敬畏之心和赤诚之心，要能不计较个人得失，要有用科学技术改变世界的理想。”

赵教授想了想，带着小赵回到自己的办公室，然后从书架上抽出一本书递给小赵。“做好科研最重要的就是科研思维的锻炼，既要低头拉好车，更要抬头看清路。这是我最近刚读完的一本书，是诺贝尔奖得主的传记，我觉得很有启发，今天送给你，希望对你也有帮助。”

小赵如获至宝，将书抱在怀里拼命点头。

“快点回宿舍补补觉，等你精力充沛的时候，我们再讨论实验的事。”

接下来的时间，赵教授集中处理了作为国际科研杂志编委的审稿工作，又修改了一篇学生的论文。看看时间到了十点钟，赵教授想，今天上午效率不错，挤出了一点儿时间可以读几篇新鲜上线的文献。突然，电脑屏幕蹦出一条提醒：研究所会议。赵教授拍拍脑门，“瞧我这记性，差点儿忘了开会的事儿。”他带着笔记本急匆匆走出了办公室。

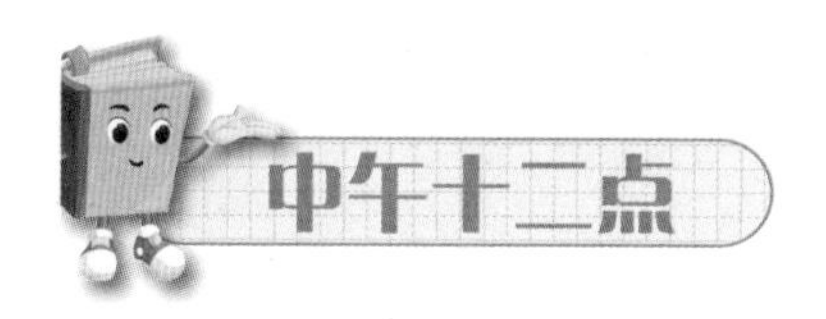

会议终于结束了，赵教授又通读一遍自己的会议记录，在心里整理着刚才的会议内容，盘算着今后的工作。这时，咕咕作响的肚子把沉思中的赵教授拉回了现实。赵教授这才记起来自己的早饭让给了小赵，到现在肚里早已空空如也，虽然惦记着那几篇没读的文献，他还是决定先解决肚子饿的问题。

赵教授在食堂排队打了一份饭，找到一个安静的角落落座，准备开始享受美食带来的快乐。这时，口袋里的手机震个不停，接通后张教授那浑厚的声音传出：“老赵啊，咱们的项目通过啦！多亏你的建议呀，这次真是有惊无险！咱们正好一鼓作气，接下来的合作还要再讨论一下呀……”热烈的半小时讨论，让赵教授的午饭变得冰冰凉，但他的心却是火热的，心情激动万分，项目的通过证明了国家对自己研究方向的肯定和重视，赵教授心里暗暗鼓劲，一定要把工作做好，要用科研成果为国家打造核心竞争力，抢占国际科技前沿制高点。

赵教授摸了摸肚子，心里默念：早餐没吃成，午餐略失败，物质文明水平不高，果然还是得靠办公室里的精神食粮了。你看，他还是一直惦记着没看成的文献里边会有什么启发性的研究发现呢。

不知不觉就到了下午两点，赵教授午饭后没有休息，这时感到有些疲乏，便打开门准备挂上免打扰牌子小憩一下。他习惯性地向对面实验室里瞥了一眼，却发现刚刚研究生一年级的小汤，竟然穿着拖鞋在实验室里走来走去。

“小汤！”赵教授气呼呼地冲进实验室，“你把实验室安全操作规范都忘到脑后了吗？进实验室可以穿拖鞋吗？万一把有毒试剂洒在脚上咋办？”

小汤从没见过赵教授这么生气，被老师一顿“狂轰滥炸”给“骂”蒙了，待反应过来连忙道歉，溜出实验室回去换鞋子。

“回去写份检查！”赵教授对着小汤的背影喊道。

赵教授苦笑着，“看来这周组会又要把安全无小事好好强调一下。”

眼看这午觉是睡不成了，赵教授索性到实验室里来回踱步。

超净台前，硕士生小贾正快速揉搓着双手，这引起了赵教授的注意。

“小贾，做什么实验呢？”

“啊，老师，我要接种呢。”小贾紧张地站了起来，“这是甘油菌，刚从冰箱里拿出来，融化得太慢了。”

“菌种要放在冰上缓慢解冻，快速融化会降低菌的活力！”赵教授批评了小贾，而后语气又缓和了下来，叮嘱道：“心急吃不了热豆腐，以后要注意规范操作，否则实验结果出现问题，又怎么能找到原因呢！”

赵教授转向另一个工作台边的小张，小张戴着口罩、手套，全副武装，十分规范。赵教授刚想开口夸他，不料小张抢先一步，用手挡着嘴巴轻声说：“老师，我在提取 RNA，您先不要说话，防止飞溅污染。”赵教授点点头，背着手走开了。

此时，学生小兰跑来焦急地说：“老师，江湖救急啊！”

原来，小兰正在用超声破碎仪对菌体进行破碎，可是仪器总是发出刺耳的叫声。赵教授仔细检查了一番，终于发现了问题。他帮忙调整了超声探头，仪器的声音便立即恢复了正常。

指导完学生的实验，赵教授这才想起来下午还有个视频会议，赶紧又回到办公室。他泡上一大杯绿茶，登录了会议账号，一边品茶一边静静地等待着。国际同行的一张张笑脸在屏幕上逐一绽放，最终组成了一大张不规则的网格。大家操着各自的语言，你一言我一语，讨论得热火朝天。

晚上七点

天幕逐渐暗淡，星星出来了，新月也爬上天空。

一转眼就到了晚饭点儿，赵教授锁上办公室的门刚想离开，无意间发现学生办公室里黑漆漆的，门却没锁。“又不知是哪个马大哈忘记锁门，安全意识这么淡薄，都该写检查了。”赵教授一边念叨着，一边走过去。突然，背后响起了熟悉的生日歌的旋律，歌声由远及近。

只见小赵推着实验室的工具车从楼梯拐角出现，车上放着一只三层的大蛋糕，十几根蜡烛摇曳着温馨的火光，蛋糕上“祝赵老师生日快乐”一行大字清晰可见。办公室的灯亮了，研究组其他成员鱼贯而出，胸前捧着花，脸上挂着笑。

一时间，赵教授感动得热泪盈眶，原来今天是自己的生日呀。

“赵老师——生日快乐！”

小兰为赵教授献上一捧鲜花，小贾则为他戴上金灿灿的生日帽。大家围坐在学生办公室里，分享着蛋糕和水果，谈论着实验和理想，氛围越来越热烈，一场生日会简直要变成学术讨论会了。

这时，小汤打开了提前准备好的投影机，原来，已经毕业的师兄师姐们都录制好对导师的祝福视频，他们回忆着在实验室时的点点滴滴，也向师弟师妹们表达着殷切的希望。赵教授高兴得嘴都合不拢，看着一张张年轻的面孔，百感交集，他发表了激动人心的演说，叮嘱各位年轻人“不忘初心，砥砺前行”。

明天就是周末了，连最爱加班的小赵都已经回去了，实验室已经恢复了往日的宁静。然而，赵教授的办公室仍然灯火通明，手机短信里明天的航班信息表明了他接下来会迎来旅途劳顿的一天。不知道他今晚又会工作到几点呢?

生命是这个蓝色星球上最为独特也最为宝贵的东西。不同于目前已知的其他星球，地球演化与生命活动密切相关。生命无处不在，指的是微生物这类常常肉眼不可见，却能被有准备的人感觉到的小生命到处都有，并且处处显示它们的存在。食物腐败，制作红茶香酒酸奶，甚至人类处于健康或者生病的状态，等等，这些都和微生物有关；池清水绿，草生木华，全球变暖，等等，也有微生物的参与。认知和了解微生物，可以让我们与大自然更加和谐地相处，可以拓展我们与大自然共同发展的能力。向青少年读者传递这样的信息，就是本书的目的。

本书虚拟了一位科研工作者——姜老师，他带领一群对微生物感兴趣的中学生，探索自然界中的微生物，了解微生物学科研工作者的日常生活。从公园到教室，从微生物本身到研究微生物的科学家一天的工作和生活，期望这些生动有趣的内容，能够传递给大家一些微生物的知识，并引起你们对微生物学研究的兴趣。你们之中，一定有未来的微生物学家。我们用“知识框”的形式，突出基本概念、重要知识，便于读者快速有效地获取微生物学相关基础知识。

书中的图片，力求使用第一手资料，其中大部分来自作者实验室或者作者科研和生活中的记录。另有一部分照片来自同事和朋友，由于涉及的单位和人员较多，此处不一一列出。

由于编著者理解微生物学知识水平和驾驭文字能力的限制，书中个别实例和专业术语可能出现得有些突兀，一些文字稍显晦涩，低年级的读者可能一时不能完全理解，需要借助老师的辅导，或者需要查阅相关参考资料。如果本书能够对读者朋友有一点儿启发，或者能够引发读者查找资料的兴趣，也算是实现了编著者的初衷。查阅文献正是培养未来科学家的重要途径。另外，多位作者参与了本书的撰写，尽管统稿时力求风格一致，但依然存在撰写风格的少许差异，希望这不影响读者的阅读。

各章节执笔人情况如下：第一章、第三章（刘双江）；第二章、第六章（刘丽君）；第四章、第五章、第九章（刘亚君）；第七章（姜成英）；第八章（宋阳）。

本书的撰写得到了中国科学院微生物研究所学报编辑部武文和赵志萍两位老师的鼓励和帮助；董鹏、殷跃两位中学老师和李连泽、汪科宇、詹梓晴、生明月、滕婧伊、张铭棋、周子沫、段舒晨几位少年朋友对样章提出了宝贵修改意见，特此致谢；本书能顺利出版，人民教育出版社主题出版研究开发中心编审李红老师、高级编辑田文芳老师付出了辛勤的汗水，特此感谢！

刘双江

2023 年 1 月 25 日于北京